Materialien

für eine

wissenschaftliche Biographie von Gauß.

Gesammelt von

F. Klein, M. Brendel und **L. Schlesinger.**

Heft VI.

Die Wechselwirkung zwischen Zahlenrechnen und Zahlentheorie
bei C. F. Gauß.

Von **Ph. Maennchen** in Gießen.

Springer Fachmedien Wiesbaden GmbH
1918

Aus den Nachrichten von der Königl. Gesellschaft der Wissenschaften
zu Göttingen.
Mathematisch-physikalische Klasse. 1918.

ISBN 978-3-663-15491-4   ISBN 978-3-663-16063-2 (eBook)
DOI 10.1007/978-3-663-16063-2

Vorbemerkung.

Die in diesen Materialien veröffentlichten Abhandlungen „Gauß als Zahlenrechner" von A. Galle und „Über Gauß' zahlentheoretische Arbeiten" von P. Bachmann haben zwei verschiedene Erscheinungsformen des erstaunlichen Zahlensinns von Gauß geschildert. Es entstand nunmehr die Aufgabe, den Fäden nachzugehen, die von der einen zu der andern dieser beiden Seiten von Gauß' arithmetischer Betätigung hinüberführen. Dies soll in der vorliegenden Arbeit versucht werden, die in diesem Sinne als eine verbindende Brücke gedacht ist zwischen den genannten Arbeiten von Bachmann und von Galle.

Der Aufsatz von Galle wird ergänzt durch den Nachweis, daß die Zahlentheorie die Entwicklung von Gauß zum Zahlenrechner in hervorragendem Maße gefördert hat, und der von Bachmann dadurch, daß auf Grund des handschriftlichen Nachlasses gezeigt wird, wie namentlich in Gauß' Jugendjahren umfangreiche Zahlenrechnungen das Eingangstor zu seinen zahlentheoretischen Entdeckungen gebildet haben.

Der Verfasser hatte die Freude, daß eine Reihe von Gelehrten ihn teils bei der Ausarbeitung des vorliegenden Aufsatzes, teils bei der Durchsicht der Probeabzüge mit Rat und Tat unterstützte. Außer den Herausgebern dieser Materialien, F. Klein, M. Brendel und L. Schlesinger, waren es insbesondere A. Galle, F. Goldscheider, E. Landau, A. Loewy, F. Rudio, P. Stäckel. Allen diesen Herren sei auch an dieser Stelle der verbindlichste Dank ausgesprochen für ihre lebhafte Anteilnahme am Fortgange der Arbeit, für ihre kritischen Bemerkungen und für wertvolle Literaturnachweise.

Materialien für eine wissenschaftliche Biographie von Gauss.

Gesammelt von **F. Klein, M. Brendel** und **L. Schlesinger.**

VI. Die Wechselwirkung zwischen Zahlenrechnen und Zahlentheorie bei C. F. Gauss.

Von

Ph. Maennchen in Gießen.

Vorgelegt in der Sitzung vom 8. Februar 1918 durch F. Klein.

Einleitendes.

Wenn man die Lebensarbeit des princeps mathematicorum überblickt, so fällt neben der außerordentlichen Vielseitigkeit und Tiefe wohl am meisten die Tatsache auf, daß sich sehr viele Ergebnisse vorfinden, die durch zahlenmäßiges Rechnen — und dazu häufig durch peinlich genaues Rechnen — gewonnen worden sind. Und zwar sind es nicht nur Beispiele, die gewissermaßen als Erläuterungen zu den von ihm entdeckten allgemeinen Sätzen dienen, sondern wir finden ganze Tafeln, deren Herstellung allein die Lebensarbeit manches Rechners vom gewöhnlichen Schlage ausfüllen würde. Dazu kommt, daß diese Rechnungen und Tafeln auf Stellenzahlen ausgeführt sind, die das in der Praxis erforderliche Maß weit übersteigen. Wir erwähnen vorerst nur die Herstellung von Logarithmentafeln, die vollständige Dezimalbruchentwickelung der reziproken Werte aller Primzahlen und Primzahlpotenzen innerhalb des ersten Tausenders, die Tafel der arithmetisch-geometrischen Mittel, die Tabellen zur Cyklotechnie und das Bruchstück: Quadratorum Myrias prima.

Wie kommt es nun, daß Gauß nicht nur alle diese anscheinend so mühseligen und geisttötenden Rechnungen auszuführen vermochte, sondern daß er auch noch Zeit übrig behielt zu seinen tiefdringenden Untersuchungen, zu seiner praktischen Betätigung als Astronom, Geodät und Physiker, ja, daß er sich sogar noch mit dem Versicherungswesen beschäftigen konnte, alles Gegenstände, die wiederum einen ungeheuern Aufwand von Zahlenrechnung nötig machten? Die Erklärung kann nur die folgende sein: Die Rechnungen waren für ihn weder mühselig, noch geisttötend, sondern Gauß benutzte, wo es irgend anging, Vorteile, „artificia", die sich ihm namentlich bei der Aufstellung von Tafeln sehr bald darboten und ihm die Fortführung der betreffenden Tabelle bedeutend erleichterten. Diese Vorteile erwiesen sich sehr bald selbst wieder als Sonderfälle neuer zahlentheoretischer Sätze, und so gewann er beständig neues Material zu seinen Forschungen in der niederen und höheren Zahlentheorie und zugleich immer wieder neue Mittel, um Zahlenrechnungen einfach und eigenartig zu erledigen.

Der Zweck der vorliegenden Arbeit ist, den Gedankengängen nachzuspüren, die sich bei der Rechenarbeit des Zahlengewaltigen abspielten, die Rechenvorteile aufzudecken und zu begründen, die ihm ermöglichten, das spielend zu bewältigen, was anderen Rechnern nur Mühe und Arbeit, aber gewiß keine Freude gemacht hätte. Da nun häufig die Spuren der ursprünglichen Gedankengänge umsomehr verschwinden, je druckreifer eine Arbeit wird, so mußten die Belege an der Urquelle gesucht werden, im handschriftlichen Nachlaß. Dabei bestand zugleich die Absicht, die Entwickelungsstufen festzustellen, die Gauß' Rechenfertigkeit nach und nach durchlaufen hat. Allein dieser Plan konnte nicht streng durchgeführt werden und zwar aus zwei Gründen. Einmal zeigt Gauß als echtes Genie vieles Sprunghafte in seiner Entwickelung, und dann wird die Sichtung des handschriftlichen Nachlasses nach entwickelungsgeschichtlichen Gesichtspunkten dadurch erschwert, daß viele Blätter zweifellos in verschiedenen Lebensabschnitten des Meisters immer wieder von neuem beschrieben worden sind, so daß die zeitliche Einordnung in vielen Fällen nicht gelingt. Immerhin war es möglich, auch nach dieser Richtung hin einige Klarheit zu schaffen.

I.

Stufe der Empirie.

Daß Gauß sich zu Beginn seiner Forschertätigkeit mit umfangreichen Zahlenrechnungen beschäftigte, ist nicht verwunderlich. Die Mathematiker der damaligen Zeit waren vielfach Empiriker;

sie ermittelten neue Sätze und Eigenschaften von Zahlen und Funktionen vorwiegend durch Induktion, und in einem gewissen naiven Entwickelungszustand betrachtete man einen Satz schon als sichergestellt, wenn die gewählten Beispiele auf eine größere Anzahl von Dezimalstellen stimmten.

Daß auch Gauß diesen Weg beschritt, lehrt uns z. B. das Bruchstück einer Jugendübung, die er auf dem Deckblatt seines Exemplars von Leistes[1]) Algebra aufgezeichnet hat:

$$[1] \quad 1 + \frac{1}{4} + \frac{1}{9} + \frac{1}{16} + \cdots = \frac{\pi^2}{6}\ ^2)$$

$$[2] \quad 1 + \frac{1}{9} + \frac{1}{25} + \frac{1}{49} + \cdots = \frac{\pi^2}{8}\ ^3)$$

$$[3] \quad \frac{1}{4} + \frac{1}{16} + \frac{1}{36} + \frac{1}{64} + \cdots = \frac{\pi^2}{24}$$

$$[4] \quad 1 + \frac{1}{16} + \frac{1}{49} + \frac{1}{100} + \cdots$$

$$[5] \quad \frac{1}{4} + \frac{1}{25} + \frac{1}{64} + \frac{1}{121} + \cdots$$

$$[6] \quad \frac{1}{9} + \frac{1}{36} + \frac{1}{81} + \frac{1}{144} + \cdots = \frac{\pi^2}{54}$$

$$[7] \quad 1 + \frac{1}{25} + \frac{1}{81} + \frac{1}{169} + \cdots = 1{,}074\,833$$

$$[8] \quad \frac{1}{4} + \frac{1}{36} + \frac{1}{100} + \frac{1}{196} + \cdots = \frac{1}{32}\pi^2$$

$$[9] \quad \frac{1}{9} + \frac{1}{49} + \frac{1}{121} + \frac{1}{225} + \cdots = 0{,}15\,886$$

$$[10] \quad \frac{1}{16} + \frac{1}{64} + \frac{1}{144} + \frac{1}{256} + \cdots = \frac{1}{96}\pi^2.$$

Diese Jugendübung gehört noch der empirischen Epoche an; Formel [1] nimmt Gauß zum Ausgangspunkt für die Herleitung neuer Formeln. Und zwar gelingt dies bei den Formeln [2], [3], [6], [8] und [10] durch Vergleichung mit der Ausgangsformel; dagegen

---

1) Chr. Leiste, Die Arithm. u. Algebra, Wolfenbüttel 1790. Dieses Buch sollte ihm wohl ursprünglich als Vademecum dienen; er hat es sich daher auch mit Schreibpapier durchschießen lassen. Sein Geist eilte jedoch so rasch über den Horizont dieses Buches hinaus, daß auf den Schreibseiten zumeist Dinge stehen, die mit dem gedruckten Text daneben keinerlei Beziehung haben.
2) Vergl. Euler, Introductio in analysin inf. 1748, T. 1, Cap. 10.
3) Bei Euler a. a. O. bewiesen.

nicht bei den übrigen. Darum ermittelt er bei [7] und [9] die Zahlenwerte auf einige Dezimalstellen und wird jetzt vermutlich probiert haben, ob ein solcher Wert mit einem aliquoten Teil einer Potenz von π in Übereinstimmung zu bringen ist. — Das Problem ist unerledigt geblieben, obgleich die Reihe der reziproken Quadrate in der Abhandlung von 1812 (Werke III, S. 153) in der Theorie der Π-Funktion auftaucht; aber man erkennt hier schon deutlich Gauß' Geschicklichkeit in der übersichtlichen Anordnung, die alle seine Arbeiten kennzeichnet.

Diese Gabe der übersichtlichen Darstellung offenbart sich auch in einer andern Jugendübung (Leiste, S. 47):

$\sqrt[3]{1{,}024} =$

```
+ 1,00000 00000           − 0,00006 40000
      800 00000                    136 53
          8533 33                       44
             2 40295 3
  ───────────────
  1,00800 08535 73
       6 40136 57
  ───────────────
  1,00793 68399 2
```

also

$\sqrt[3]{2} = 1{,}25992\ 10499.$

Die Erklärung ist einfach:

$$\sqrt[3]{2} = \sqrt[3]{\frac{2 \cdot 8^3}{8^3}} = \sqrt[3]{\frac{1024}{8^3}} = \frac{10}{8}(1{,}024)^{\frac{1}{3}}.$$

Die Rechenvorteile, um mit Hilfe der Binomialreihe Quadrat- und Kubikwurzeln aus ganzen Zahlen auszuziehen, sind wohl vor Gauß gang und gäbe gewesen; namentlich hat ja in dieser Hinsicht Euler[1]) ein großes Geschick entfaltet. Aber die praktische Art der Darstellung verdient Bewunderung, da alles so übersichtlich angeordnet ist und die Zahl der Dezimalstellen ohne Mühe nach Belieben vermehrt werden kann.

Um andere uns erhaltene Jugendübungen richtig zu würdigen, sei noch folgendes vorausgeschickt:

Gauß hat schon in früher Jugend mit zwei Problemen gleich-

---

1) L. Euler, De inventione quotcunque mediarum proportionalium citra radicum extractionem. Novi Comment. acad. Petrop. 14 (1769): I, 1770, S. 188—214; Comment. arithm. 1, 1849, S. 401—413.

sam gespielt, die ihn sein ganzes Leben hindurch beschäftigt haben und für seine Entwickelung bedeutungsvoll geworden sind. Diese Probleme sind das arithmetisch-geometrische Mittel und das Fortschreitungs- bezw. Verteilungsgesetz der Primzahlen. Bei der rechnerischen Beschäftigung mit beiden Problemen spielten die Logarithmen eine wichtige Rolle. Nun waren dem 14jährigen Gauß 1791 von Gönnern einige mathematische Bücher geschenkt worden, darunter die Logarithmentafel von Schulze[1]), in der die dekadischen Logarithmen auf 7 Stellen und die natürlichen (hyperbolischen) Logarithmen der Primzahlen bis 10000 durch die unermüdliche Arbeit des Artillerieoffiziers Wolfram auf 48 Dezimalstellen berechnet waren. Dies war die erste Logarithmentafel, die Gauß in die Hände bekam; vorher hat er sich vermutlich ohne Logarithmen oder mit selbstentworfenen Tabellen beholfen. Entwürfe zu Logarithmentabellen beschäftigten ihn auch später, und es wurde ja schon in der Einleitung auf seine selbstbearbeiteten Logarithmentafeln hingewiesen. Bei der Bearbeitung solcher Logarithmentabellen geht er auch äußerst praktische Wege, wenn auch schon ganz ähnliche Überlegungen von Huyghens vorausgingen, die Gauß aber damals noch unbekannt waren. Ein Stück der Tabelle, die sich Werke II, S. 502 findet, soll als Probe hier wiedergegeben werden:

$$a, \quad \frac{81}{8} \quad \frac{81}{80}\left(\frac{3^4}{2^4 \cdot 5}\right)$$

$$b, \quad \frac{41}{4} \quad \frac{6561}{6560}\left(\frac{3^8}{2^5 \cdot 5 \cdot 41}\right)$$

$$c, \quad 2 \quad \frac{1025}{1024}\left(\frac{5^2 \cdot 41}{2^{10}}\right)$$

. . . .

Das Wesentliche ist, wie man sieht, daß Zähler und Nenner um 1 verschieden sind, so daß die Logarithmenreihe stark konvergiert. Dabei sind solche Zahlen gewählt, daß jeder neue Bruch höchstens einen neuen Primfaktor liefert. In dem obigen Stück der Tabelle liefert c sogar überhaupt keinen neuen Primfaktor. Bildet man $\frac{a^2}{bc}$, so ergibt sich:

$$\frac{a^2}{bc} = \frac{3^8}{2^8 \cdot 5^2} \cdot \frac{2^5 \cdot 5 \cdot 41}{3^8} \cdot \frac{2^{10}}{5^2 \cdot 41} = \frac{2^{10}}{10^3}.$$

---

[1]) J. C. Schulze, Neue und erweiterte Sammlung logarithmischer ... ... Tafeln, I, II, Berlin 1778.

Nun kann man bequem den dekadischen Logarithmus von 2 bestimmen:
$$10 \cdot \log 2 - 3 = 2 \log a - \log b - \log c,$$
also
$$\log 2 = \frac{1}{10}\left\{3 + M\left[2\left(\frac{1}{81} - \frac{1}{2 \cdot 81^3} + \frac{1}{3 \cdot 83^5} - \cdots\right) - \right.\right.$$
$$\left.\left. - \left(\frac{1}{6560} - \frac{1}{2 \cdot 6560^2} + \cdots\right) - \left(\frac{1}{1024} - \frac{1}{2 \cdot 1024^2} + \cdots\right)\right]\right\}.$$

Hat man erst einmal den Logarithmus von 2, so kann man der Reihe nach alle folgenden berechnen.

Nachdem Gauß im Besitz der Wolframschen Logarithmentabelle war, konnte er sich an mancherlei weitere Aufgaben wagen, die übrigens auch noch dem Geist seiner Zeit gemäß sind. Es handelt sich darum, die Logarithmen von Größen zu bestimmen, die sich bei der zahlenmäßigen Berechnung von Reihen ergeben haben. Da solche Größen auf viele Dezimalstellen ermittelt waren, so stand der Numerus natürlich nicht vollständig in der Tafel.

Gauß verfuhr nun in der ersten Zeit ganz nach der Anleitung, die er in Lamberts „Zusätzen zu den logarithmischen etc. Tabellen", Berlin 1770, S. 53—65 vorfand. Zur Erläuterung diene das Beispiel, das sich auf dem Deckblatt von Lamberts „Tabellen" von Gauß' Hand aufgezeichnet findet:
$$\pi = \frac{22}{7} \cdot \frac{2484}{2485} \cdot \frac{12\,983\,008}{12\,983\,009}.$$

Gauß hat die Rechnung, an dieser Stelle wenigstens, nicht weiter geführt. Die Fortsetzung hat man sich offenbar so zu denken, daß man setzt:
$$\ln \pi = \ln 22 + \ln 2484 - \ln 7 - \ln 2485$$
$$- \left(\frac{1}{12\,983\,008} - \frac{1}{2 \cdot 12\,983\,008^2} + - \cdots\right),$$
wobei man mit den zwei ersten Gliedern der eingeklammerten Reihe schon einen hohen Grad von Genauigkeit erzielt.

Gauß ist zu diesem Ausdruck für π in der Weise gekommen, daß er von dem bekannten Näherungswert $\frac{22}{7}$ ausgeht und mit diesem zunächst in $3{,}14159265\ldots$ dividiert. Den Quotienten subtrahiert er von 1 und verwandelt den Rest in einen Bruch mit dem Zähler 1. Der Nenner ist rund 2485. Nun verfährt er in gleicher Weise mit $\frac{22}{7} \cdot \frac{2484}{2485}$.

II.
Das Gaußsche Divisionsverfahren.

Warum Gauß hier abgebrochen hat? Die Division durch 12 983 008 hat ihn vermutlich wenig gereizt. Damit kommen wir auf eine weitere Eigentümlichkeit des Gaußschen Zahlenrechnens. Das Rechnen mit Vorteil kann man definieren als die Kunst, unangenehme Rechnungen nach Möglichkeit zu vermeiden. Zu diesen unangenehmen Rechnungen gehört in erster Linie das Dividieren durch große Zahlen. Dieser Unannehmlichkeit ist Gauß in genialer Weise ausgewichen.

Hat Gauß einen Bruch $\frac{a}{p_1 p_2}$, wo p_1 und p_2 verschiedene Primzahlen bedeuten, so weiß er diesen Bruch leicht in zwei Teilbrüche $\frac{u_1}{p_1} + \frac{u_2}{p_2}$ zu zerlegen. Das ist ja an sich nichts Ungewöhnliches, denn die Aufgabe gehört zu den Diophantischen Aufgaben und ihre Lösung ist schon sehr alt[1]). Gauß kennt jedoch Verfahren, die äußerst rasch zum Ziele führen, so daß die Rechnungen bei ein- und zweistelligen Werten sofort im Kopf ausführbar werden. Er gibt zwar in seinen Disquisitiones, Sectio Sexta, Werke I, S. 381 allgemeine Anleitungen dazu, allein in der Praxis hat er Kunstgriffe angewandt, die in seinem Werke nicht verzeichnet sind. In dem schon oben erwähnten Buch von Leiste findet sich bei S. 79 folgende Aufzeichnung:

$$\frac{2}{31831} = \frac{a}{139} + \frac{b}{229} \qquad \frac{2}{90} = \frac{28}{9} = \frac{34}{1}$$
$$\frac{2}{-90} = \frac{46}{-9} = \frac{-56}{1}.$$

Die Deutung ergibt sich so:
Aus der Gleichung
$$229a + 139b = 2$$
folgt

(1) $$a \equiv \frac{2}{229} \equiv \frac{2}{229-139} \pmod{139}{}^2).$$

---

1) Vgl. G. Loria, Studi intorno alla logistica greco-egiziana. Giornale di matematiche, **32** (1894), S. 28.

2) $\frac{a}{b} \equiv \frac{c}{d}$ soll hier bedeuten: $a \equiv \lambda c \pmod{n}$ und $b \equiv \lambda d \pmod{n}$.

Aus derselben Gleichung folgt ebenso

(2) $$b \equiv \frac{2}{139} = \frac{2}{139-229} \pmod{229}.$$

Aus (1) ergibt sich

$$\frac{2}{90} \equiv \frac{280}{90} \equiv \frac{28}{9} \pmod{139},$$

und weiter

$$\frac{28}{9} \equiv \frac{306}{9} \equiv \frac{34}{1} \pmod{139}.$$

In gleicher Weise ergibt sich aus (2)

$$\frac{2}{-90} \equiv \frac{460}{-90} \equiv \frac{46}{-9} \pmod{229},$$

und weiter

$$\frac{46}{-9} \equiv \frac{1557}{9} \equiv \frac{173}{1} \equiv \frac{-56}{1} \pmod{229}.$$

In diesem Beispiel treten bereits verhältnismäßig große Nenner auf; und doch scheint es, als ob Gauß mit diesem Algorithmus auch Beispiele mit noch größeren Zahlen spielend bewältigt habe.

Nun kommt die weitere Rechnung für $\frac{u_1}{p_1} + \frac{u_2}{p_2}$. Um sie auszuführen, hat Gauß zunächst die **Tafel zur Verwandlung gemeiner Brüche in Dezimalbrüche** angelegt. In dieser Tabelle findet sich die Dezimalbruchperiode der reziproken Werte einer jeden Primzahl und Primzahlpotenz zwischen 1 und 200; später hat er die Tabelle bis 1000 fortgeführt. $\frac{u_1}{p_1}$ braucht nun nicht durch Multiplikation mit u_1 ermittelt zu werden; denn sobald man weiß, welche Potenz von 10 kongruent $u_1 \pmod{p_1}$ ist, so braucht man nur $\frac{1}{p_1}$ mit dieser Potenz von 10 zu multiplizieren, dann folgt nach dem Komma die Dezimalbruchperiode von $\frac{u_1}{p_1}$. Zur Erleichterung dieser Rechnung hat Gauß auch hierfür eine besondere Tabelle aufgestellt.

Aber, so wird man fragen, wie hat er die Riesenarbeit bewältigt, die Tafel zur Verwandlung der gemeinen Brüche aufzustellen? Da muß doch reichlich dividiert werden und zwar zum Teil auf Hunderte von Dezimalstellen, um die vollständige Periode zu erhalten. Daß er Kunstgriffe angewandt hat, um diese Tabelle „quam citissime" zu konstruieren, gibt er selbst zu (Werke I, S. 388), die Kunstgriffe selbst verschweigt er und verweist auf Robertson[1]) und Bernoulli, die vor ihm schon ähnliche Vorteile angewandt hätten. Bei Bernoulli[2]) wird auf folgende Vorteile hingewiesen:

1) Wenn für den reziproken Wert der Primzahl p die Periode die größte Stellenzahl $p-1$ hat, so ergänzt jede Ziffer der 1. Hälfte der Periode die entsprechende der 2. Hälfte zu 9. Demnach braucht man nur die eine Hälfte zu berechnen.

2) Hat man für $\frac{10^m+1}{p}$ den Quotienten q, so ist für $\frac{10^{2m}-1}{p}$ der Quotient $(10^m-1)q$, und folglich genügt es, q von $10^m \cdot q$ abzuziehen, um die Periode von $\frac{1}{p}$ zu erhalten. Denn da $\frac{10^{2m}-1}{p} = 10^m \cdot q - q$ ist, so ist $\frac{1}{p} = \frac{10^m \cdot q - q}{10^{2m}-1}$. Beispiel:

$$\frac{10^3+1}{13} = 77; \quad 77\,000 - 77 = 76\,923; \quad \frac{1}{13} = 0,\overline{076\,923}.$$

3) Sobald sich ein Rest ergibt, der $\frac{1}{2}$, $\frac{1}{3}$, $\frac{1}{4}$ usw. eines bereits aufgetretenen Restes ist, so ist der nun folgende Teil der Periode $\frac{1}{2}$, $\frac{1}{3}$, $\frac{1}{4}$ usw. der Periode vom ursprünglichen Rest ab. Z. B.

$$\frac{1}{71} = 0,0,14'0845,07'04\,225\,352\,112\,676\,056\,338\,028\,169|01\,408.$$

Zu der ersten Stelle nach dem Komma gehört der Rest 10, zu der 7. Stelle der Rest 5; also folgt von der 8. Stelle ab die Hälfte der Periode von der 2. Stelle ab. Nach der 9. Stelle folgt aus dem gleichen Grunde die Hälfte der nach der 3. Stelle folgenden Periode. Nach der 4. Stelle ist der Rest 60, nach der 30. Stelle der Rest 20; also folgt von hier ab der 3. Teil der Periode nach der 4. Stelle, usw. Auf diese Weise läßt sich die Arbeit auf eine bequeme Division mit einstelligem Divisor zurückführen.

Es gibt noch weitere Vorteile ähnlicher Art, auf die wir aber hier nicht eingehen, zumal es sich kaum feststellen läßt, welche von diesen Kunstgriffen Gauß angewandt haben mag. Jedenfalls geht der Arbeitsaufwand zur Herstellung einer Dezimalbruchperiodentabelle bei der Anwendung derartiger Verfahren auf ein bescheidenes Maß zurück.

Hatte nun Gauß eine Divisionsaufgabe $\frac{a}{p_1 \cdot p_2 \cdot p_3 \cdot p_4}$, so bildete

---

[1] Theory of circulating fractions. Philos. Transact. 1768, S. 207.
[2] Johann III. Bernoulli, Sur les fractions décimales périodiques. Nouv. Mémoires de l'Acad., Berlin 1771 (1773), S. 273. Vgl. auch Lambert, Acta Eruditorum 1769, S. 107—128.

er daraus rasch die Aufgabe $\frac{\alpha_1}{p_1} + \frac{\alpha_2}{p_2} + \frac{\alpha_3}{p_3} + \frac{\alpha_4}{p_4}$, suchte in der Periodentafel die Dezimalbruchwerte dieser 4 Glieder, schrieb sie untereinander und addierte. Wir begreifen nun auch, daß es ihm da auf 10 Stellen mehr oder weniger nicht anzukommen brauchte.

Daß die ganze Rechnung bei ihm mit großer Schnelligkeit erledigt wurde, geht daraus hervor, daß er in seinen Disquisitiones (Werke I, S. 387) darüber sagt: „Quando enim paucae [figurae decimales] sufficiunt, divisio vulgaris sive logarithmi aeque expedite plerumque adhiberi poterunt".

Die Schnelligkeit, mit der er sein Verfahren handhabte, war wohl eine Folge der großen Übung, die er sich durch die beständige Anwendung erworben hat. Zu den Anfangsübungen darf man wohl auch die folgende rechnen:

Leiste, S. 54.

$$
\begin{aligned}
&[0,]1\,415\,926\,535 \quad [= \alpha]\,^{1}) \\
&353\,981\,633 \quad \left[\frac{1}{4}\alpha\right] \\
&2\,831\,853 \quad \left[\frac{1}{500}\alpha\right] \\
&356\,813\,486 \quad [0{,}252\,\alpha] \\
&35\,681\,348_6 \quad [0{,}0252\,\alpha] \\
&392\,494\,835 \quad [0{,}2772\,\alpha] \\
&[0{,}0]392\,5 \quad [: 5] \\
&[0{,}00]78\,5 \quad\quad [0{,}05544\,\alpha]
\end{aligned}
$$

$$\pi = 3\frac{785}{5544} = 1 + \frac{1}{7} + \frac{5}{8} + \frac{5}{9} + \frac{9}{11}.$$

Das Bemerkenswerteste an diesem Beispiel ist das eigenartige Rechenverfahren, um zu dem Näherungswert $\frac{785}{5544}$ zu gelangen. Er wendet hier die beim kaufmännischen Rechnen übliche „welsche Praktik" an[2]). Wir werden später noch an einem andern Beispiel

---

1) Die Bemerkungen in den eckigen Klammern sind von uns hinzugefügt.

2) „Solche Zurückführungen gesuchter Ergebnisse auf schon Ermitteltes durch Addition oder Subtraktion einfacher Bruchteile des Ermittelten übten nach ursprünglich altägyptischem Muster vorzugsweise italienische Kaufleute, durch welche das Verfahren spätestens im 15. Jahrh. in ganz Europa bekannt wurde." (M. Cantor, Politische Arithmetik, 2. Aufl., Leipzig 1903, S. 7.)

Ein einfaches Beispiel aus der kaufmännischen Praxis möge hier angeführt werden: 200 Pfd. kosten 8,40 M, was kosten 162 Pfd.?

sehen, mit welchem ungewöhnlichen Geschick er diese Praktik handhabte. Die Aufzeichnung fällt möglicherweise in eine Zeit, wo ihm die Kettenbrüche noch nicht geläufig waren, sonst hätte er wohl $\frac{355}{113}$ vorgezogen. Noch wahrscheinlicher ist aber, daß die ganze Notiz lediglich den Charakter einer Übungsaufgabe hat.

III.
Übung des Divisionsverfahrens an Kettenbrüchen.

Eine andere Anfangsübung ist die Bestimmung von $\sqrt{5}$. [Nachlaß, Kapsel 44.]

$$\sqrt{5} = 3 - \frac{1}{4} - \frac{6}{13} + \frac{6}{29} + \frac{34}{211} - \frac{177}{421} = \frac{299\,537\,289}{133\,957\,148}.$$

Hier benutzt er bereits die Kettenbruchentwickelung für $\sqrt{5}$, und zwar den 12. Näherungsbruch, zerlegt den Nenner in die Faktoren 4.13.29.211.421, macht dann in der oben geschilderten Weise die Partialbruchzerlegung und erhält so das rechts von $\sqrt{5}$ stehende Aggregat. Auch den 8. Näherungswert derselben Kettenbruchentwickelung gibt er darunter an:

$$\sqrt{5} = \frac{930\,249}{416\,020} \qquad 416\,020 = 4.5.11.31.61$$

Eine vollständig durchgeführte Übungsaufgabe dieser Art finden wir Leiste, S. 50. Es handelt sich um $\sqrt{17} = 4 + \cfrac{1}{8 + \cfrac{1}{8 + \cdots}}$ in inf.

Man beachte wieder die praktische Anordnung.

1	2	3	4	5	6	7	8	9
4	33	268	2177	17684	143649	1166876	9478657	
1	8	65	528	4289	34840	283009	2298912	65.287297
				pr.		pr.		

200	Pfd. . . .	8,40	M
20	„ . . .	0,84	„
180	„ . . .	7,56	„
18	„ . . .	0,76	„
162	„ . . .	6,80	„ .

Die Anregung zum Gebrauch der welschen Praktik erhielt Gauß jedenfalls aus „Remer, Arithmetica Theoretico-Practica, Braunschweig 1737". Gauß besaß dieses Buch bereits im Alter von 8 Jahren und hat wohl schon frühzeitig die Anleitungen zum Rechnen mit Vorteil durchstudiert. Besonders geschickt durchgeführte Multiplikationsbeispiele finden sich in Caput IV dieses Rechenbuchs, S. 120 u. ff.

Über „welsche Praktik" vgl. J. Tropfke, Geschichte der Elementarmathematik II, 1902, S. 76 u. 100 oder M. Cantor, Gesch. d. Math. II, 1900, S. 226.

$$\frac{9\,478\,657}{2\,298\,912} = \frac{5}{7} + \frac{2}{3} + \frac{4}{11} + \frac{1}{32} + \frac{730}{311}$$

$$\frac{730}{311} = 2{,}34726\,68810\,28938\,90675\,24115\,75562$$

$$\frac{1}{32} = \phantom{2{,}34726\,688}3125$$

$$\text{Cetera} = \frac{1{,}74458\,87445\,88744\,58874\,45887\,44588}{4{,}12310\,56256\,17683\,49549}\,{}^1).$$

Man sieht, daß der 5. Näherungswert bereits auf seine Brauchbarkeit untersucht worden ist; allein der Nenner erwies sich als Primzahl (pr.). Ebenso war es mit dem Nenner des 7. Näherungswertes. Der 6. war zwar brauchbar; denn der Nenner ist 40.13.67; aber er wurde wohl einstweilen zurückgestellt. Ein Näherungswert für eine Quadratwurzel scheint unbrauchbar zu sein, wenn der Nenner nicht in Primfaktoren unter 1000 zerlegbar ist, da in diesem Falle die Dezimalbruchtabelle nicht benutzt werden kann. Man kann aber, wenn der Zähler in dieser Weise zerlegbar ist, $\frac{1}{N} \approx \frac{1}{\sqrt{17}} = \frac{1}{17}\sqrt{17}$ berechnen und dann mit 17, oder allgemein mit dem Radikanden multiplizieren. Solche Versuche, den Zähler zu zerlegen, finden sich gelegentlich bei Gauß.

Über diese Stufe erhebt sich nun Gauß durch die Versuche, **die Genauigkeit zu verschärfen**. In Kapsel 44 findet sich folgendes Beispiel:

$$\sqrt{2} = \frac{275\,807^2 + 2.195\,025^2}{2.195\,025.275\,807} = \frac{152\,139\,002\,499}{107\,578\,520\,350} \text{ quam proxime}$$

$$= \frac{7}{50} + \frac{1}{7} + \frac{2}{29} + \frac{37}{41} + \frac{134}{269} + \frac{636}{961} - 1.$$

Der Gedankengang ist vermutlich der folgende gewesen: Für $\sqrt{2} = 1 + \cfrac{1}{2 + \cfrac{1}{2 + \cdots \text{ in inf.}}}$ ist der 14. Näherungswert $\frac{275\,807}{195\,025}$.

Nun sei $\frac{u}{v}$ ein Näherungswert für $\sqrt{n}$, und zwar $\frac{u}{v} > \sqrt{n}$; dann ist $\frac{u}{v\sqrt{n}} > 1$ und $\frac{v\sqrt{n}}{u} < 1$. Alsdann ist mit noch viel geringerer Abweichung die Gleichung erfüllt:

$$\frac{u}{v\sqrt{n}} + \frac{v\sqrt{n}}{u} = 2,$$

---

1) Er addiert zunächst $\frac{2}{3} + \frac{4}{11} = 1 + \frac{1}{33} = 1{,}030303$, und dieses Ergebnis zählt er zu $\frac{5}{7} = 0{,}714285\,714285$ in der Dezimalbruchtabelle.

woraus folgt:
$$\frac{u}{v}+\frac{nv}{u}=2\sqrt{n},$$
und hieraus:
$$\frac{u^2+nv^2}{2uv}=\sqrt{n}.$$

Noch wahrscheinlicher ist allerdings der folgende Gedankengang, der ein besseres Urteil über den Grad der erreichten Genauigkeit ermöglicht:

$$\sqrt{n}\approx\frac{u}{v};\quad v^2\cdot n=u^2\pm\varepsilon$$

$$n=\frac{u^2\pm\varepsilon}{v^2}=\frac{u^2}{v^2}\left(1\pm\frac{\varepsilon}{u^2}\right)$$

$$\sqrt{n}=\frac{u}{v}\left(1\pm\frac{\varepsilon}{u^2}\right)^{\frac{1}{2}}=\frac{u}{v}\left(1\pm\frac{\varepsilon}{2u^2}\cdots\right)=\frac{u}{v}\pm\frac{\varepsilon}{2uv}$$

$$\sqrt{n}=\frac{2u^2\pm\varepsilon}{2uv},\text{ und da } u^2\pm\varepsilon=v^2\cdot n \text{ ist,}$$

$$\sqrt{n}=\frac{u^2+nv^2}{2uv}.$$

Auf der nächsten Stufe zeigt Gauß bereits eine Rechengewandtheit, der nur schwer zu folgen ist. Die Kettenbruchentwickelung liefert ihm für $\sqrt{15}$:

1) $\sqrt{15}$ quam proxime $=\dfrac{457\,470\,751}{118\,118\,440}$

$$=4+\frac{3}{8}+\frac{2}{5}-\frac{2}{11}-\frac{9}{19}-\frac{20}{71}+\frac{7}{199}$$

2) $\sqrt{15}$ „ „ $=\dfrac{28\,355\,806\,081}{7\,321\,437\,648}$

$$=5+\frac{5}{16}-\frac{1}{7}+\frac{1}{9}-\frac{9}{23}-\frac{11}{31}-\frac{21}{61}-\frac{53}{167}$$

Nun schreibt er Ergebnis und Interpolationen:

zu 1) 3,872983 346207 416894 432401 917939 315825 708500 721817 8635 etc.
  −   9 253136 518156 916248 036269 795441 7885 etc.
  416885 179265 399782 399577 672230 926376 0750 etc.
  +   33 160690 778915 5160 etc.
  ─────────────────────────
  399610 832921 705291 5910

zu 2) 3,872983 346207 416885 181673 816530 193032 929862 629624 3505 etc.
  −   2408 416747 793422 096943 170845 6075 etc.
  179265 399782 399610 832919 458778 7430 etc.
  +   2 246512 8480 etc.
  ─────────────────────────
  832921 705291 5910 etc.

Man sieht: Der erste Näherungswert liefert $\sqrt{15}$ auf 16 Dezimalstellen; der zweite auf 19 Stellen; die zweimalige Interpolation auf mehr als 50 Stellen! Eine Andeutung der Methode war nirgends zu finden, wir wollen daher versuchen, wenigstens ein Stück des Weges aufzudecken, den Gauß gegangen sein könnte. Die Kettenbruchentwickelung für $\sqrt{15}$ ist folgende:

$$\sqrt{15} = 4 - \frac{1}{8} - \frac{1}{8 - \cdots} \text{ in inf.}$$

Zwischen den beiden in 1) und 2) gegebenen Näherungswerten liege ein Wert N_u, und es sollen daher 1) und 2) mit N_{u-1} und N_{u+1} bezeichnet werden. Auf Grund der Kettenbruchentwickelung gelten die Gleichungen:

$$4 + N_u = \frac{1}{4 - N_{u+1}}$$

und

$$4 - N_u = \frac{1}{4 + N_{u-1}};$$

hieraus folgt durch Addition:

$$8 = \frac{8 + N_{u-1} - N_{u+1}}{16 + 4(N_{u-1} - N_{u+1}) - N_{u-1} \cdot N_{u+1}}.$$

Fortschaffung des Nenners, Vereinfachung und Division durch 8 gibt

$$15 + 4(N_{u-1} - N_{u+1}) - N_{u-1} \cdot N_{u+1} = \frac{N_{u-1} - N_{u+1}}{8}$$

oder

A) $\quad 15 = N_{u-1} \cdot N_{u+1} - (4 - \tfrac{1}{8})(N_{u-1} - N_{u+1}).$

Ferner setzen wir

$$x = \sqrt{15} = N_{u+1} - v_{u+1},$$

also:

B) $\quad 15 = (N_{u+1} - v_{u+1})^2 = N_{u+1}^2 - 2 N_{u+1} \cdot v_{u+1} + v_{u+1}^2.$

Aus A) und B) ergibt sich dann:

C) $\quad N_{u+1}^2 - 2 N_{u+1} \cdot v_{u+1} + v_{u+1}^2 = N_{u+1} \cdot N_{u-1} - (4 - \tfrac{1}{8})(N_{u-1} - N_{u+1}),$

D) $\quad v_{u+1}^2 - 2 N_{u+1} \cdot v_{u+1} + (4 - \tfrac{1}{8} - N_{u+1})(N_{u-1} - N_{u+1}) = 0,$

E) $\quad v_{u+1} = N_{u+1} - N_{u+1}\left(1 - \frac{(4 - \tfrac{1}{8} - N_{u+1})(N_{u-1} - N_{u+1})}{N_{u+1}^2}\right)^{\frac{1}{2}}.$

Benutzt man nun die Binomialreihe, und zwar nur die beiden ersten Glieder, und setzt für N_{u+1}^2 im Zähler und Nenner den

Wert 15, so ergibt sich der Ausdruck:

F) $$v_{u+1} = \frac{((4 - \frac{1}{8}) N_{u+1} - 15)(N_{u-1} - N_{u+1})}{2.15}.$$

Setzt man hier für N_{u+1} den Wert 2) auf S. 15, für $(N_{u-1} - N_{u+1})$ die Differenz von 1) und 2), so ergibt sich für v_{u+1} der Wert, der unter 2) als Subtrahend steht, während der unter 1) stehende Subtrahend v_{u-1} von dem Wert v_{u+1} um $N_{u-1} - N_{u+1}$ verschieden ist. Denn wenn wir wieder $\sqrt{15}$ mit x bezeichnen, so ist

$$x = N_{u-1} - v_{u-1}$$
$$x = N_{u+1} - v_{u+1},$$

also

$$N_{u-1} - N_{u+1} = v_{u-1} - v_{u+1}.$$

Die Rechnung stimmt natürlich nur bis auf eine bestimmte Stellenzahl; dann muß die zweite Interpolation in Kraft treten.

IV.
Rechnungen mit Logarithmen.

Wir kehren wieder zur ersten Stufe zurück, um Gauß' Logarithmenberechnung noch etwas näher in Augenschein zu nehmen. Es wurde schon erwähnt, daß Wolfram die natürlichen Logarithmen in Schulzes Tabellen auf 48 Stellen berechnet hat und zwar bis 2200 für alle Zahlen und bis 10009 für die Prim- und einige ausgewählte zusammengesetzte Zahlen. Gauß scheint, als er in den Besitz der schönen Logarithmentafel kam, versucht zu haben, die Tabelle noch zu erweitern. Eine Rechnung ist zum großen Teil durchgeführt und soll hier besprochen werden. Es handelt sich um ln 10037. Wir finden (Leiste, S. 110 u. 109):

$$10037 \cdot 97 \cdot 691 + 1 = 672\,750\,000 = 225 \cdot 10\,000 \cdot 299,$$
$$\ln 10037 = \ln 10000 + \ln 225 + \ln 299 - \ln 97 - \ln 691$$
$$- \frac{1}{a} = \frac{1}{1\,000\,000}\left(\frac{2}{9} + \frac{9}{13} + \frac{2}{23} - 1\right) [1].$$

Dieses Beispiel erscheint ganz besonders lehrreich. Gauß hat die Absicht, ln 10037 möglichst „zierlich" zu berechnen — diesen Ausdruck gebrauchte er mit Vorliebe — und sucht daher nach einem Faktor, der ein Produkt liefert, welches möglichst nahe bei einer

---
[1] Das Ergebnis hat Gauß in sein Exemplar von Lamberts Logarithmentafel S. 258 unten eingetragen.

Zahl mit mehreren Nullen am Ende liegt. Zweifellos kommt ihm zunächst blitzschnell der Gedanke: $37.27 = 999$; der Faktor muß also auf 027 endigen; er habe nun a Tausender. Dann entstehen im Produkt $7a$ Tausender; das sollen wieder 9 sein; daher $a = 7$. Der gesuchte Faktor muß also auf 7027 endigen. Er wählt 67027; denn das ist $(700-9)(100-3) = 691.97$. Das Glück ist ihm nun noch besonders günstig, da er in die Nähe von 672 750 000, d. i. $\frac{1}{4} \cdot 2\,691\,000\,000$, kommt. Daher bei der Korrektion:

$$-\frac{1}{a} = \frac{1}{1\,000\,000} \cdot \frac{4}{2691} = \frac{1}{1\,000\,000} \cdot \frac{4}{9.13.23}$$
$$= \frac{1}{1\,000\,000}\left(\frac{2}{9} + \frac{9}{13} + \frac{2}{23} - 1\right).$$

Daß er sich mit dieser Berechnung lediglich in ein neues Verfahren einarbeiten wollte, liegt auf der Hand; denn nur einem ganz unpraktischen Rechner kann es entgehen, daß $10\,000\left(1 + \frac{37}{10\,000}\right)$ viel bequemer und schneller zum Ziele führt. Er wollte gerüstet sein für den Fall, daß eine Zahl, deren Logarithmus er bestimmen wollte, nicht in der Nähe einer andern Zahl lag, die in Primfaktoren unter 1000 zerlegbar war. Da sich sonst kein Beispiel im Nachlaß fand, so wollen wir selbst ein solches bilden, um noch einige Erläuterungen daran knüpfen zu können.

Wir wählen die Zahl 13 553, die bei einem weiter unten zu erörternden Gaußschen Beispiel vorkommt. Die Überlegungen sind dieselben, wie vorhin, nur wird jetzt schriftlich gerechnet:

```
      13 553
         783
      ------
      40 659
     1 084 24
     9 487 1
     -------
    10 611 999.
```

Man sieht zunächst, daß der Multiplikator eine 3 am Ende haben muß. Zu den 5 Zehnern von $13\,553.3$ müssen noch 4 Zehner kommen; also muß der gesuchte Multiplikator 8 Zehner haben. $13\,553.83$ hat $6 + 2 = 8$ Hunderter, hierzu muß noch 1 Hunderter kommen; also muß der Multiplikator 7 Hunderter haben. Hier brechen wir ab; denn 783 ist $3.3.3.29$ und

$$10\,611\,999 = 1000.4.7.379 - 1.$$

Demnach ist

$$\ln 13\,553$$
$$= \ln 1000 + \ln 4 + \ln 7 + \ln 379 - 3\ln 3 - \ln 29 - \frac{1}{1000.4.7.379} - \cdots$$
$$= \ln 1000 + \ln 4 + \ln 7 + \ln 379 - 3\ln 3 - \ln 29 - \left(\frac{173}{379} - \frac{683}{4000} - \frac{2}{7}\right).$$

Es gilt hier, an geeigneter Stelle abzubrechen, derart, daß der Multiplikator in nicht allzu große Primfaktoren zerlegbar wird, und das um 1 vermehrte Resultat ebenfalls. Geht es nicht, so probiert man in gleicher Weise, an eine auf ... 0001 endigende Zahl heranzukommen. Zweifellos haben solche Rechnungen einen gewissen Reiz, da sie durch den beständigen Anlaß, Multiplikator und Ergebnis auf ihre Zerlegbarkeit zu prüfen, vor ödem Mechanismus bewahren.

Die Zahl 13 553 in unserm eben behandelten Beispiel tritt bei Gauß in folgendem Beispiel auf (Kapsel 44):

Quaeritur logarithmus hyperbolicus ipsius

$$\tfrac{1}{2} + \tfrac{1}{2}\sqrt{2} = 1{,}207\,106\,781\,186\,547\ldots$$

Nun hat wohl Gauß zunächst die aus den 6 ersten Ziffern dieser Zahl A gebildete Zahl auf ihre Zerlegbarkeit geprüft. Da der Erfolg nicht befriedigend ausfiel, probierte er das gleiche mit dem reziproken Wert, den er ohne weiteres hinschrieb:

$$\frac{1}{A} = 0{,}82\,842\,712\,474\,619\,{}^1)$$

```
   66 27417      [Mult. mit 8]
 22 09139  = 3.1209² + 115.17²   ⎱ [gibt das Doppelte der
           = 3. 401² + 115.185²  ⎰  links stehenden Zahl].
    1209
    9672       [1209.185]
    6045
   ——————
   223665
     6817      [401.17]
   ——————
   216848     [Div. durch 16]
    13553
  [2209139] = 163.13553.
```

---

1) Es ist nämlich

$$\frac{1}{A} = \frac{1}{\tfrac{1}{2}+\tfrac{1}{2}\sqrt{2}} = 2\sqrt{2}-2 = 4A-4.$$

Hier bricht die Rechnung ab und unser vorhin durchgeführtes Beispiel wäre als Fortsetzung denkbar. Freilich ist auch dann erst ein roher Näherungswert erreicht, und die weitere Interpolation ist jetzt noch zu besprechen. Wir wählen aber zu diesem Zweck ein Beispiel, das Gauß auf einem im Nachlaß befindlichen Zettel (d_6, Kapsel 44) ausgerechnet hat. Dabei handelt es sich allerdings um die umgekehrte Aufgabe, zu einem vielstelligen Logarithmus den Numerus zu ermitteln:

$$\sqrt[4]{2} \text{ obiter } 1{,}189\,207\,115$$
$$118\,920\,711 = 3.7.13.435\,607$$
$$435\,607 = 7 + 660^2$$
$$= 7.249^2 + 40^2$$
$$= 53.8219.$$

Damit ist die Zerlegung in solche Faktoren erreicht, deren Logarithmen in der Wolframschen Tabelle stehen. Nun kommt die Interpolation zwischen diesem Logarithmus und $\frac{1}{4} \cdot \ln 2$, und darauf gestützt die Bestimmung von $\sqrt[4]{2}$ selbst. Man beachte die äußerst geschickte Verwendung der welschen Praktik.

$\log 8219 = 9{,}0142038261\ 4850001243\ 42426$
$\log\ \ 159 = 5{,}0689042022\ 2023152553\ 97144$
$\log\ \ \ \ 91 = 4{,}5108595065\ 1685004115\ 88402$
Compl. $9 \log 10 = 1{,}5793192560\ 4763452785\ 60684$ [d. h. $\log 10 - 9 \log 10 = -8 \log 10$]

$\quad\quad 0{,}1732867909\ 3321610698\ 88656$ [$\log A$]
$\quad\quad 0{,}1732867951\ 3998632735\ 43080$ [d. i. $\frac{1}{4} \log 2 = \log(A+\varepsilon)$]

$\quad\quad\quad\quad\quad 42\ 0677022036\ 54424\ \left[= \delta,\ \text{d. i.}\ \log(A+\varepsilon) - \log A = \frac{\varepsilon}{A} - \frac{1}{2}\frac{\varepsilon^2}{A^2}\right]$

$\quad\quad\quad\quad\quad\quad\quad\ 884\ 84582\ \left[= \frac{\delta^2}{2},\ \text{die letzte Ziffer um 3 Einh. zu groß}\right]$

$\quad\quad\quad\quad\quad 42\ 0677022921\ 39006\ \left[\text{d. i.}\ \delta + \frac{\delta^2}{2} = \frac{\varepsilon}{A}\right]$
$\quad\quad\quad\quad\quad\ \ 4\ 2067702292\ 13900_6$

$\quad\quad\quad\quad\quad 46\ 2744725213\ 52906_6\ \left[= \frac{\varepsilon}{A} \cdot 1{,}1\right]$

$\quad\quad\quad\quad\quad\ \ 3\ 7019578017\ 08232_5\ \left[= \frac{\varepsilon}{A} \cdot 1{,}1 \cdot 0{,}08\right]$

$\quad\quad\quad\quad\quad\quad\ \ 504812427\ 50566_8\ \left[= \frac{\varepsilon}{A} \cdot 0{,}0012\right]$

$\quad\quad\quad\quad\quad 50\ 0269115658\ 11705_9\ \left[= \frac{\varepsilon}{A} \cdot 1{,}1892\right]$

$$2944739\ 16044_9 \quad \left[= \frac{\varepsilon}{A} \cdot 0{,}000\,007\right]$$

$$46274\ 47252_1 \quad \left[= \frac{\varepsilon}{A} \cdot 0{,}00\,000\,011\right]$$

$$\sqrt[4]{2} = 1{,}1892071150\ 0272106671\ (75002_9) \left[= A + \frac{\varepsilon}{A} \cdot A\right]$$

$$74999705685.$$

Die Addition ist zwar richtig ausgeführt; dennoch hat Gauß die 6 letzten (hier in Klammern gesetzten) Stellen durchgestrichen und eine auf 5 Stellen weiter gehende Verbesserung angebracht. Diese Eigentümlichkeit wird später besprochen werden. Solche geschickt ausgeführte Multiplikationen, wie hier die mit 1,18920711 unter Anwendung der welschen Praktik, findet man noch öfter im Gaußschen Nachlaß; einige besonders glänzende Beispiele sind Werke III, S. 426 ff. abgedruckt. Das erste a. a. O. behandelte Beispiel hat überdies eine gewisse Ähnlichkeit mit dem eben vorgeführten, nur ist es sowohl inbezug auf den Aufbau als auch inbezug auf das gesteckte Ziel noch weit großzügiger als das von uns gebotene, das es außerdem noch um 25 Dezimalstellen übertrifft. Freilich liegt auch ein Zeitraum von mehr als 10 Jahren zwischen der Bearbeitung der beiden Aufgaben.

V.
Berechnung von reziproken Werten.

In dem zuletzt vorgeführten Beispiel hat die Zahl selbst — oder vielmehr ein 6 stelliges Stück derselben — sich zur Faktorenzerlegung geeignet; beim vorhergehenden Beispiel mußte Gauß den reziproken Wert nehmen, der allerdings in diesem Falle leicht zu finden war. Ob er es andernfalls auch getan hätte? Nun, wir finden Beispiele, wo er auch unter erschwerenden Umständen reziproke Werte berechnete. Auch hierin hatte er sich eine bedeutende Gewandtheit erworben, und wiederum war es der Einfluß der Empirie, der eine solche Übung notwendig machte. Wenn eine wirklich oder vermeintlich wichtige Konstante ermittelt war, so war es möglich, daß ihr Quadrat, ihre Quadratwurzel, ihr Logarithmus, ihr reziproker Wert oder dergleichen mit andern bereits ermittelten Konstanten einen erkennbaren Zusammenhang hatte. Das konnte dann zu neuen Sätzen und Untersuchungen führen.

Bei Gauß kam nun noch eine ganz besondere Veranlassung hinzu. Seine Studien über das arithmetisch-geometrische Mittel führten ihn u. a. auch zu dem Versuch, das zu bestimmende Mittel durch eine Reihenentwickelung zu gewinnen. Es gelang ihm auch, $M(1+x, 1-x)$ als eine Potenzreihe von x darzustellen, allein die Koeffizienten von x in dieser Entwickelung befolgten kein leicht erkennbares Gesetz. Erst als er auf den Gedanken kam, den reziproken Wert, also $\dfrac{1}{M(1+x, 1-x)}$ in eine Reihe zu entwickeln, gelangte er zu dem schönen Ergebnis:

$$\frac{1}{M(1+x, 1-x)} = 1 + \frac{1}{4}x^2 + \frac{9}{64}x^4 + \frac{25}{256}x^6 + \frac{1225}{16384}x^8 + \cdots.$$

Die Koeffizienten der aufeinanderfolgenden Glieder sind nun die Quadrate von $\frac{1}{2}$, $\frac{1}{2} \cdot \frac{3}{4}$, $\frac{1}{2} \cdot \frac{3}{4} \cdot \frac{5}{6}$, $\frac{1}{2} \cdot \frac{3}{4} \cdot \frac{5}{6} \cdot \frac{7}{8}$ usw.[1]).

Dieses Bildungsgesetz hat er wieder zunächst induktiv erschlossen; aber er bleibt nicht dabei stehen, sondern er führt sofort den strengen Beweis für seine Gültigkeit. Andererseits macht er aber auch Übungen in der zahlenmäßigen Bestimmung von arithmetisch-geometrischen Mitteln nach dem neugefundenen Verfahren, und, um sie mit dem entsprechenden, nach dem seitherigen Verfahren ermittelten Wert vergleichen zu können, muß er von einem der beiden Ergebnisse den reziproken Wert bestimmen.

In Kapsel 50, Elliptische Funktionen, Fi, Nr. 5 findet sich ein vollständig durchgeführtes Beispiel:

$$M \sqrt{0{,}96}\,^{2})$$

1,00000 00000	0,00000 00000
0,97979 58971	9,99113 56165
0,98984 64001	9,99559 04242 [3])
0,98989 79485	9,99556 78082
0,98987 21743	9,99557 91162.

Calculus posterior confirmatur adjumento seriei

$$M \cos \varphi = \frac{1}{1 + \dfrac{1}{4}ss + \dfrac{1 \cdot 9}{4 \cdot 16} \cdot s^4 + \text{etc.}}$$

---

1) Werke III, S. 366 u. ff.

2) $M\sqrt{0{,}96}$ bedeutet $M(1, \sqrt{0{,}96})$, und dies ist entstanden aus $M(1-\frac{1}{5}, 1+\frac{1}{5})$; die Variable s hat also hier den Wert $\frac{1}{5}$.

3) In der Handschrift hatte Gauß die Logarithmen der zweiten und dritten Zahl mit einander vertauscht und das durch ein Zeichen angedeutet.

```
             1,00000 00000.00
             0,01000 00000.00
             ...22 50000.00
             .....  62500.00
             ..1914.06
             ...62.02
             ....2.08
                  .7
             ─────────────────
             1,01023 14478.23  ⨯ 0,99
                1010 23144 78
             ─────────────────
             1,00012 91333 45  ⨯ 0,9999
                  10 00129 13
             ─────────────────
             1,00002 91204 32  Rec.
             0,99997 08804 16
                   9 99970 88
             ─────────────────
             0,99987 08833 28
                 999 87088 33
             ─────────────────
             0,98987 21744.95.
```
neben der Zeile „0,99997 08804 16": $\left[\dfrac{1}{1+\varepsilon} = 1 - \varepsilon + \varepsilon^2 - + \cdots\right]$

neben „9 99970 88": [⨯ 0,99 wie oben]

neben „0,99987 08833 28": [⨯ 0,9999 wie oben]

Dies ist nun der gesuchte reziproke Wert, der mit dem nach der ersten Methode gefundenen Methode auf 9 Stellen übereinstimmt. Man sieht, es wird zunächst durch geeignete Multiplikation, und zwar wieder unter geschickter Verwendung der welschen Praktik, eine Zahl hergestellt, die nur um einen sehr kleinen Betrag ε größer ist als 1. Dann ist der reziproke Wert sehr nahe gleich $1 - \varepsilon + \varepsilon^2$, während die folgenden Glieder der unendlichen Reihe vernachlässigt werden können. Mit der sich ergebenden Zahl $1 - \varepsilon + \varepsilon^2$ werden nun die gleichen Multiplikationen vorgenommen wie mit der ursprünglichen Zahl, und so erhält man alsdann den gesuchten reziproken Wert.

Eine andere Rechnung dieser Art, dazu mit größerem Kraftaufwand, aber ohne jede erläuternde Bemerkung, findet sich auf einem Zettel des Nachlasses (Arithmetik a 5, Kapsel 40). Die Bemerkungen zum vorigen Beispiel erleichtern das Verständnis dieser Rechnung, die ein Torso geblieben ist.

```
  603[,]5533905 9327376220 042218105      [= x]
 1207   1067811 8654752440 084436211      [= 2x]
   18   1066017 1779821286 601266543      [= 0,03x]
 1189   0001794 6874931153 483169668      [= 1,97x = 2x − 0,03x]
   41   0000061 8857756246 671833436 83   [: 29]
    1,  0000001 5094091615 772483742 3617 [: 41]
        1 5000002264 113742365 8725       [× 15.10⁻⁸]
    ─────────────────────────────────
    1, 0000000 0094089351 658741376 4892.
```

Es würde zu sehr das Eingehen auf Einzelheiten erfordern, wenn wir bei den interessanten Gedankengängen verweilen wollten, die dieser Rechnung zugrunde liegen; es kann daher unter nochmaligem Hinweis auf das vorhergehende Beispiel dem Leser überlassen werden[1]). Gauß hat hier abgebrochen, wahrscheinlich, weil er sich bei der Multiplikation 15.10^{-8} verrechnet hat (statt 1 500 000 226... steht nämlich in der Handschrift 150 000 225 141 137 423 658...). Durch irgend eine Kontrollrechnung scheint er den Fehler bemerkt zu haben, und so unterließ er es, den reziproken Wert zu ermitteln.

VI.
Gauß' Methoden, die Faktoren großer Zahlen zu finden.

In den meisten bisher behandelten Beispielen beginnt die Rechnung mit einer Faktorenzerlegung, und damit kommen wir an eine der bemerkenswertesten Stellen in Gauß' rechnerischer Betätigung, an die Stelle, wo Zahlentheorie und Zahlenrechnen vielleicht am vollkommensten ineinandergreifen. Die Hauptergebnisse auf diesem Gebiet sind in den Disquisitiones auseinandergesetzt und längst Gemeingut aller Zahlentheoretiker; wir können uns daher, ohne auf allgemeine Entwickelungen einzugehen, auf die besonderen Vorteile beschränken, die er von Fall zu Fall angewandt hat.

Bei der Berechnung von $\sqrt[7]{2}$ (S. 18) tritt die Zahl 435 607 auf, und es gilt zu untersuchen, ob sie in Faktoren zerlegbar ist. Zunächst findet Gauß, und das kostet ihn sicherlich nur wenige Sekunden,
$$435\,607 = 7 + 660^2.$$
Dann sucht er 435 607 auf eine zweite Art in $7\alpha^2 + 1.\beta^2$ zu zerlegen. Die Überlegung wird sich wohl nicht streng nach der in

---

1) Auf $29.41 = 1189$ kommen wir an einer späteren Stelle noch einmal zu sprechen. Man beachte, daß Gauß hier durch 29 und 41 dividiert, ohne Reste aufzuschreiben.

den Disquisitiones gegebenen Methode der Exkludenten [1]) abgespielt haben, sondern vielleicht folgendermaßen:

$$7\alpha^2 + 1 \cdot \beta^2 = 7 \cdot 1^2 + 1 \cdot 660^2$$
$$7(\alpha^2 - 1) = 660^2 - \beta^2 = (660 + \beta)(660 - \beta).$$

Einer der beiden Faktoren auf der rechten Seite muß nun durch 7 teilbar sein. Man wähle den ersten. Der kleinste Wert für β ist 5, allgemein $5 + 7k$; denn es ist: $665 = 95 \cdot 7$. Man führe die Division durch 7 aus und erhält:

$$\alpha^2 - 1 = \frac{660 + \beta}{7}(660 - \beta)$$

oder

$$\alpha^2 = \frac{660 + \beta}{7}(660 - \beta) + 1.$$

Für $\beta = 5$ kommt $95 \cdot 655 + 1$; diese Zahl kann keine Quadratzahl sein, da sie den Viererrest 2, also einen quadratischen Nichtrest hat. Wir bleiben zunächst bei Fünferzahlen, müssen also $k = 5$ setzen. Dann erhalten wir $660 + 40 = 700$. Also:

$$\alpha^2 = 100 \cdot 620 + 1 = 62001 = \frac{1000}{4} \cdot 248 + 1 = 249^2.$$

Somit ergibt sich:

$$435607 = 7 \cdot 249^2 + 1 \cdot 40^2.$$

Aus dem Gleichungssystem

$$7 \cdot 1^2 + 1 \cdot 660^2 = 435607$$
$$7 \cdot 249^2 + 1 \cdot 40^2 = 435607$$

folgt: Wenn 435607 in Primfaktoren zerlegt werden kann, so müssen diese auch in $(249 \cdot 660 + 40)(249 \cdot 660 - 40)$ enthalten sein. Der erste Faktor ist $\frac{1}{4} \cdot 660000 - 660 + 40 = 164380 = 20 \cdot 8219$. Die Faktoren 2 und 5 können nicht in Betracht kommen, also probieren wir die Division durch 8219. Diese Division geht in der Tat auf, und damit haben wir die Zerlegung auf S. 18 [2]).

---

[1]) Diese Methode hat er anscheinend nur dann vorschriftsmäßig angewandt, wenn es galt, nachzuweisen, daß die zu untersuchende Zahl Primzahl war.

[2]) Das Verfahren stammt von Euler, Quomodo numeri praemagni sint explorandi, utrum sint primi nec ne, Novi Comment. Acad. Petropol. 13 (1768) 1769, S. 67; da jedoch die Mehrzahl der von uns hier wiedergegebenen Jugendübungen vor 1795 datiert werden muß, also vor dem bedeutsamen Zeitpunkt, wo Gauß in Göttingen Eulers Werke kennen lernte, so folgt mit großer Wahrscheinlichkeit, daß Gauß sich auch diesen Weg selbständig erschlossen hat.

Die Begründung ist ja einfach:

$$a \cdot \alpha_1^2 + b \cdot \beta_1^2 = n$$
$$a \cdot \alpha_2^2 + b \cdot \beta_2^2 = n$$
$$\overline{a(\alpha_1^2 \beta_2^2 - \alpha_2^2 \beta_1^2) = n(\beta_2^2 - \beta_1^2)}.$$

Ist a mit n teilerfremd, so müssen alle Faktoren von n in dem Klammerausdruck auf der linken Seite enthalten sein, w. z. b. w.

Aus der Beweisführung erkennt man sofort, daß man statt n auch irgend ein Vielfaches von n in die Form $a\alpha_1^2 + b\beta_1^2$ setzen kann. In dem andern Beispiel auf S. 17 hat Gauß statt der Zahl 2209139 das Doppelte dieser Zahl in $3 \cdot 1209^2 + 115 \cdot 17^2$ zerlegt. Nun erhalten wir wieder:

$$3(1209^2 - \alpha^2) = 115(\beta^2 - 17^2)$$
$$3 \cdot \frac{1209 + \alpha}{115}(1209 - \alpha) + 17^2 = \beta^2.$$

α hat die Form $56 + \varkappa \cdot 115$, und für $\varkappa = 0, 1, 2, 3$ hat man:

$$\alpha = 56, 171, 286, 401 \ldots \text{ und } \frac{1209 + \alpha}{15} = 11, 12, 13, 14 \ldots$$

1) $\varkappa = 0$ $3 \cdot 11 \cdot (\ldots 3) + 17^2$ endigt auf 8, kann also kein Quadrat sein.
2) $\varkappa = 1$ $3 \cdot 12 \cdot (\ldots 8) + 17^2$ „   „ 7, „   „   „   „   „
3) $\varkappa = 2$ $3 \cdot 13 \cdot (\ldots 23) + 17^2$ „   „ 86, „   „   „   „   „
4) $\varkappa = 3$ $3 \cdot 14 \cdot 808 + 17^2 = 202 \cdot 168 + 17^2 = (185 + 17)(185 - 17) + 17^2 = 185^2$.

Die übrige Rechnung ist auf S. 17 ausgeführt.

Diese Faktorenzerlegung spielt auch aus einem andern Grunde bei Gauß eine wichtige Rolle. Es wurde schon darauf aufmerksam gemacht, daß Gauß seit früher Jugend nach einem Verteilungsgesetz der Primzahlen geforscht hat, und daß ihm daher die Primzahlen innerhalb eines möglichst großen Zahlengebiets bekannt sein mußten. Zu Beginn seiner Laufbahn war dieses Gebiet noch klein; später wurde es, namentlich durch den Einfluß von Eulers Schriften, immer weiter erstreckt. Es galt also in seiner ersten Zeit, das Gebiet zu erweitern, und später war es nützlich, Stichproben auf ausgearbeitete Primzahltabellen zu machen. Dazu kam, daß er große Zahlen, die ihm bei seinen Forschungen begegneten, auf ihre Zerlegbarkeit in Faktoren zu untersuchen pflegte, und so erklärt es sich wohl auch, daß die so vielseitig untersuchten Zahlen sich seinem von Natur schon gewaltigen Gedächtnis derart einprägten, daß er stets darüber verfügen konnte. Daher ist auch das schriftliche Verzeichnis der von ihm untersuchten Zahlen nicht allzu reichhaltig. Auf einem im Nachlaß befindlichen Zettel (Arith. a5, Kapsel 40) findet sich ein solches, das hier wiedergegeben werden soll:

Numeri quorum divisores per methodos nostras experti sumus [1]).

1) $2\,969\,257 \left(\text{pr. pr. } e^{\frac{-25\pi}{4}} : 10 \cdots\right) = 1657^2 + 11^2 . 1848$ adeoque primus.

2) $556\,027 = 33.87^2 + 10.175^2$ primus.

3) $119\,443 = 11.29^2 + 35.81^2.$
$ = [\tfrac{1}{2}].11.29^2 + 35.81^2$ $\Big\}$ $31.3853.$
$ = \phantom{[\tfrac{1}{2}].}11.69^2 + 35.73^2$

4) $274\,691 = 521^2 + 130.5^2 = 311^2 + 130.37^2 = 31.8861.$

5) $317\,827 = 3.81^2 + 22^2.616$ primus.

6) $270\,071.$

7) $208\,321 =$

8) $241\,403 = \dfrac{29\,692\,569}{123} = 491^2 + 322 = 475^2 + 322.49 = 163.1481.$

Bei dieser Gelegenheit hat Gauß vermutlich Material zu seinen Disquisitiones gesammelt. Denn das Charakteristische ist auch hier wieder, daß die Sätze induktiv gefunden wurden, um dann von umfassenden Gesichtspunkten aus deduktiv erschlossen zu werden.

Eine ältere Sammlung induktiv ermittelten Materials hat sich im Nachlaß nicht vorgefunden; nur das folgende Beispiel ist vorhanden (Arith. a5, Kapsel 40) vielleicht ein Überbleibsel einer ehemals reicheren Sammlung, die wohl nach ihrer deduktiven Erledigung vernichtet worden ist: Propositio quae demonstrationem exspectat. Si datur Quadratum, quod per z divisum residuum r efficit — datur idem Quadratum, quod per $4r + z$ divisum dat idem residuum: siquidem $4r + z$ sit numerus primus. — Auf dem Zettel stand erst noch ein Zusatz, der anscheinend die Möglichkeit offen ließ, daß die Zahl $4r + z$ auch Potenz einer Primzahl sein könne; dieser Zusatz ist gestrichen [2]).

---

[1]) Vgl. Calculus numerico-exponentialis, W. III, S. 426 ff. u. X1, S. 551. Die Zahl 5), also 317 827, geht, wie Goldscheider bemerkt hat, aus 12 071 067 811 865 durch Division mit $2.9.211$ hervor; dabei ist 1,2 071 067 811 865 der um seine beiden letzten Dezimalstellen verkürzte Näherungswert von $\tfrac{1}{2} + \tfrac{1}{4}\sqrt{2}$, den wir auf S. 17 besprochen haben.

[2]) Ein Zahlenbeispiel zu dieser im sprachlichen Ausdruck nicht ganz deutlichen Propositio wäre: $\square = 900$; $z = 19$; $r = 7$; $4r + z = 47$. Ein Beispiel dafür, daß $4r + z$ auch Primzahlpotenz sein kann: $\square = 841$, $z = 17$, $r = 8$, $4r + z = 49$. Ein Beispiel für die Ungültigkeit des Satzes: $\square = 59^2 = 3481$; $z = 35$, $r = 16$, $4r + z = 99$.

VII.
Die Tafel des quadratischen Charakters der Primzahlen.

Bei dem Bestreben, große Zahlen in Faktoren zu zerlegen, ist der im vorigen Abschnitt gekennzeichnete Weg nicht der erste und nicht der einzige gewesen. Die frühesten Versuche bestanden wohl darin, daß er Zahlengruppen von der Form a^2+1, a^2+2, a^2+3, a^2+4, a^2+5, a^2+7, a^2+9, a^2+11, allgemein a^2+p bezw. a^2+p^2 aufstellte und alle Zahlen dieser Gruppen in ihre Primfaktoren zerlegte. Die Beobachtungen, die er bei dieser Gelegenheit machte, führten ihn sowohl zu der jetzt zu besprechenden Theorie der quadratischen Reste, als auch zu den Tafeln zur Cyklotechnie, von denen im nächsten Abschnitt die Rede sein wird.

Die Beobachtungen über quadratische Reste und Nichtreste waren zwar schon vor Gauß von Fermat, Euler und Legendre gemacht worden, aber dem jugendlichen Forscher stand zu jener Zeit noch keine Literatur zur Verfügung[1]).

Gauß bemerkte wohl bald, daß zu jeder Zahl bestimmte Reste und Nichtreste gehören, daß das Produkt zweier Reste, sowie auch das zweier Nichtreste ein Rest, dagegen das Produkt eines Restes und eines Nichtrestes ein Nichtrest ist, daß ferner die Untersuchung für eine zusammengesetzte Zahl als Modul dieselben Reste und Nichtreste liefert, wie die für ihren kleinsten Primteiler. Um nun einerseits diese Beobachtungen praktisch zu verwerten und andererseits möglicher Weise noch tiefer in das neue Gebiet hineinschauen zu können, unternahm er eine Arbeit, die wieder höchst charakteristisch für seine Gewandtheit und Ausdauer ist. Er stellte eine Tabelle auf, die die Primzahlen von 2 bis 997 als Reste in bezug auf die Primzahlen von 3 bis 503 als Teiler enthält. Um einen Begriff von der Größe dieses Unternehmens zu geben, wollen wir nur durch einfache Abzählung feststellen, daß **16320 mal untersucht werden mußte, ob eine Zahl qua-**

---

1) Eulers wichtigste Arbeiten auf diesem Gebiet:

1. Theoremata circa divisores numerorum in hac forma $paa + qbb$ contentorum. Comm. acad. Petrop. 14 (1744/6) 1757, S. 151—187.

2. De numeris qui sunt aggregata duorum quadratorum. Novi comm. acad. Petrop. 4 (1752/3) 1758, S. 3—40.

3. Specimen de usu observationum in mathesi pura. Novi comm. acad. Petrop. 6 (1756/7) 1761, S. 185—230.

4. Observationes circa divisionem quadratorum per numeros primos. Opuscula analytica I, 1783, S. 64—84.

dratischer Rest oder Nichtrest war. Entspricht nun der erzielte Gewinn dieser gewaltigen Arbeit? Wir dürfen diese Frage wohl bejahen. Denn abgesehen von der erreichten Gewandtheit in der Gewinnung von quadratischen Resten war Gauß nun in der Lage, seine Methode der Exkludenten sehr weittragend auszugestalten, und wir wollen nachher an einem Beispiel zeigen, wie eine Faktorenzerlegung mit Hülfe dieser Tafel vor sich geht. Außerdem aber wurde seine Mühe glänzend belohnt durch den erzielten zahlentheoretischen Gewinn, nämlich durch die Erkenntnis des berühmten Satzes, den er „Theorema fundamentale in doctrina de residuis quadraticis" nannte. Dieses Gesetz, das Reziprozitätsgesetz der quadratischen Reste nach Legendre, von diesem und vor ihm auch von Euler durch Induktion gefunden, wurde nun von Gauß zum erstenmale bewiesen. Gauß gibt im ganzen 8 verschiedene Beweise für diesen Satz, woraus wir schließen dürfen, welche große Bedeutung er ihm beimißt.

Doch nun zu der praktischen Verwendung für die Zahlenzerlegung! Wir wählen das Beispiel, das Gauß in seinen Disquisitiones wiederholt benutzt, 997 331, d. i. 314 159 265 : (9.5.7). Für diese Zahl ermittelt er die quadratischen Reste -6, $+13$, -14, $+17$, $+37$, -53. Auf Grund der Tafel findet er, daß von allen Primzahlen bis 997 nur 127 die für 997 331 gefundenen quadratischen Reste hat, daß also keine andere dieser Primzahlen als 127 in 997 331 ohne Rest enthalten sein kann.

In einem Brief an Zimmermann (W. X_1, S. 20) spricht Gauß über dieses Verfahren und bemerkt dabei „dies ist nemlich nur Eine einzelne Anwendung der Tafel". Er hat also anscheinend noch mancherlei andere Anwendungen im Auge gehabt; allein im Nachlaß hat sich nichts darüber gefunden. Doch gehen wir wohl nicht fehl, wenn wir annehmen, daß er mit Hülfe dieser Tafel seine Methode der Excludenten zu höchster Leistungsfähigkeit zu steigern vermochte, so daß er sich dieses Hülfsmittels bedienen konnte bei der Lösung der Aufgabe $n = ax^2 + by^2$, bei der Pellschen Gleichung, sowie bei einer Aufgabe, die uns im nächsten Abschnitt entgegentreten wird. Die Tafel vermag auch oft sehr einfach darüber Aufschluß zu geben, daß eine Zahl zusammengesetzt ist. Z. B. 997 331 hat den quadratischen Rest -53, also müßte nach dem Reziprozitätsgesetz $-997\,331$ ein Rest mod 53 sein. $-997\,331$ hat mod 53 den Rest -30, -30 müßte daher quadratischer Rest mod 53, also $53 - 30 = 23$ quadratischer Rest mod 53 sein. Die Tafel zeigt aber 23 als Nichtrest, folglich kann 997 331 keine Primzahl sein.

In dem zitierten Briefe an Zimmermann spricht Gauß auch

davon, daß man die quadratischen Reste auf Stäbchen anbringen könne, wodurch die praktische Verwendbarkeit noch erhöht würde. Auch in den Disquisitiones (W. I, S. 404. 405) äußert er sich darüber: „Ad summum autem commoditatis fastigium usus talis tabulae evehetur, si singulae columellae verticales, e quibus constat, exsecantur lamellisque aut baculis (Neperianis similibus) agglutinantur, ita ut eae, quae in quovis casu sunt necessariae, i. e. quae numeris r, r', r'' etc. residuis numeri propositi in factores resolvendi, respondent, separate examinari possint ...". Gauß ist nun nicht bei der theoretischen Erörterung stehen geblieben, sondern er hat den Gedanken in die Tat umgesetzt und sich einen solchen Apparat selbst hergestellt, der sich jetzt im Gaußarchiv befindet. Wir sind daher in der Lage, ihn auf Grund eigener Anschauung beschreiben zu können.

Von den 13 gleichlangen, schmalen, mit Papier überklebten Holzstäbchen ist das erste äußerst sorgfältig in gleiche Teile eingeteilt, so daß die Primzahlen von 7 bis 553 in gleichen Abständen darauf angebracht werden konnten. Auf den übrigen 12 sind Streifen, wo ein quadratischer Rest ist, und leere Stellen da, wo ein Nichtrest ist.

Merkwürdiger Weise sind es aber nicht Stäbchen für die aufeinanderfolgenden Primzahlen, sondern für $-1, 2, -2, 3, -3, 5, -5, -6, 7, 11, 13, 17$. Es scheint daraus hervorzugehen, daß er einen Kunstgriff besaß, um einige von diesen Resten besonders bequem zu erhalten. Äußerungen über einen derartigen Kunstgriff ließen sich nicht ermitteln, doch ist es höchst wahrscheinlich, daß er die Fertigkeit besaß, gegebene große Zahlen sehr rasch in die Form $a^2 + b^2$, sowie $a^2 \pm xb^2$ ($x = 2, 3, 5, 7, 11, 13, 17$) und endlich in die Form $2a^2 + 3b^2$ zu bringen. Fand er z. B. $n = a^2 + 5b^2$, so multiplizierte er mit 5 und erhielt $5n = 5a^2 + 25b^2$, $5n - 5a^2 = (5b)^2$, also ist $-5a^2$, mithin auch -5 quadratischer Rest. Diese Vermutung gewinnt dadurch an Wahrscheinlichkeit, daß Gauß dem allgemeinen Problem (Disqu. Arithm., W. I, S. 111): „Propositis duobus numeris quibuscunque P, Q, invenire, utrum alter Q, alterius P residuum sit an non residuum" die Betrachtung von Einzelfällen vorausschickt, und zwar Res. -1 (S. 82); Res. $+2$ et -2 (S. 84), Res. $+3$ et -3 (S. 88), Res. $+5$ et -5 (S. 90); De ± 7 (S. 93).

Die Anfertigung ist mit der wunderbaren Sorgfalt ausgeführt, die Gauß' übrige Arbeiten kennzeichnet; die Striche und Punktierungen sind mit solcher Genauigkeit gemalt, daß man sie auf den ersten Anblick für gedruckt halten möchte.

Auch die ausführliche Tafel, die Schering (W. II) unter dem Titel „Tafel des quadratischen Charakters der Primzahlen" veröffentlicht hat (in der Handschrift lautet der Titel: Quadratorum numeris primis divisorum residua lateralia), ist peinlich sorgfältig ausgeführt. Schering hat in der Gaußschen Tafel 190 Fehler gefunden, die er bei der Drucklegung berichtigte. Unsere Hoffnung, aus der Verteilung dieser Fehler einen Schluß auf die bei der Berechnung der Tafel angewandten Methoden ziehen zu können, hat sich nicht erfüllt, nur eine bemerkenswerte Tatsache hat sich ergeben, nämlich die, daß Gauß das Reziprozitätsgesetz nicht zur Kontrolle benutzt hat.

Es ist daher nicht unwahrscheinlich, daß er dies Gesetz noch nicht kannte, als er die Tabelle anfertigte, und daß er es erst während der Herstellung derselben induktiv fand. Allerdings ist auch die Möglichkeit nicht abzuweisen, daß er hier überhaupt keine Kontrollrechnung vorgenommen hat. Diese Frage wird uns noch in einem späteren Abschnitt beschäftigen.

VIII.
Zur Cyklotechnie.

Wir kommen nun zu den merkwürdigsten Tabellen, die Gauß aufgestellt hat, und die sowohl in Bezug auf ihren eigentlichen Zweck, als auch in Bezug auf die bei der Aufstellung angewandte Methode bisher ein Rätsel geblieben sind. Es sind dies die Tafeln zur Cyklotechnie (W. II, S. 477).

Der ursprüngliche Zweck dieser Tafeln war wohl, wie schon der Name andeutet, die Erleichterung, die sie für die genaue Berechnung der Bögen gewähren, deren Cotangenten gegebene rationale Zahlen sind. Aber Schering schreibt schon in seinen Bemerkungen zu diesen Tafeln (W. II, S. 499 u. 500):

„Die hierauf hinzielenden Entwickelungen, die sich in dem handschriftlichen Nachlaß finden, sind wenig ausgedehnt".

Daraus läßt sich vermuten, daß sie Gauß zu diesem Zweck wenig benutzt hat. Halten wir aber die Tatsache daneben, daß die ersten Rechnungen für die Tafeln der Zeit der Ausarbeitung der Disquisitiones Arith. angehören, und daß in den Jahren 1846 und 1847 noch an der Sichtung, Ordnung und Vervollständigung derselben gearbeitet wurde, so ist der Schluß wohl berechtigt, daß Gauß mit diesen Tafeln andere Pläne verfolgte. Es wird jedoch zweckmäßig sein, zunächst der Herstellung dieser Tafeln nachzugehen und erst dann Vermutungen über den Zweck zu äußern.

Bei der Herstellung der Tafeln hat Gauß, wie Schering bereits richtig vermutet hat, besondere Kunstgriffe angewandt. Schering vermochte indessen aus dem handschriftlichen Nachlaß nur eine Regel aufzufinden, die aus 3 Zahlen der Tafel eine vierte zu finden lehrt, während es sich doch hauptsächlich darum handelt, aus 2 Zahlen eine dritte zu ermitteln. Wir wollen nun versuchen, zu zeigen, in welcher Weise die Tafeln vermutlich entstanden sind.

Die erste Tafel enthält die zerlegbaren a^2+1. Zerlegbar nennt Gauß diejenigen Zahlen von der Form a^2+1, die nur Primteiler unter 200 haben. Links stehen die Zahlen a, rechts die Primfaktoren von a^2+1, wobei noch zu beachten ist, daß der Primfaktor 2 überall weggelassen wurde.

2	5	19	181	46	29.73	93	5.5.173
3	5	21	17.13	47	5.13.17	98	5.17.113
4	17	22	5.97	50	41.61	99	13.13.29
5	13	23	5.53	55	17.89	100	37.137
6	37	27	5.73	57	5.5.5.13	105	37.149
7	5.5	28	5.157	68	5.5.5.37	111	61.101
8	5.13	30	17.53	70	13^2.29	112	5.13.193
9	41	31	13.37	72	5.17.61	117	5.37.37
10	101	32	5.5.41	73	5.13.41	119	73.97
11	61	33	5.109	75	29.97	123	5.17.89
12	5.29	34	13.89	76	53.109	128	5.29.113
13	5.17	37	5.137	80	37.173	129	53.157
14	197	38	5.17.17	81	17.193	132	5.5.17.41
15	113	41	29.29	83	5.13.53	133	5.29.61
17	5.29	43	5.5.37	91	41.101	142	5.37.109
18	5.5.13	44	13.149				

Die Zahlen a, für die a^2+1 nicht zerlegbar ist, hat Gauß weggelassen. — Im ersten Hunderter für a empfiehlt sich ein Verfahren, das sicherlich Gauß nicht entgangen ist, und das er bei einer andern Gelegenheit[1]) warm empfohlen hat, nämlich die Anwendung eines Zahlensiebs. Man sieht nämlich leicht, daß zu 2, 7, 12, 17, 22 usw., also zu allen Zahlen von der Form $5n+2$ der Faktor 5 gehört; ebenso gehört er zu allen Zahlen von der Form $5n-2$. Der Faktor 13 findet sich zuerst bei 5; man darf ihn mit Sicherheit erwarten bei $13n+5$ und bei $13n-5$. Der Faktor 17 findet sich zuerst bei 4, folglich bei allen Zahlen von der Form $17n+4$ und $17n-4$[2]).

---

1) Besprechung von Burckhardt, Tables des Diviseurs, 1814, W. II, S. 183.
2) Nach diesem Verfahren hat Euler sämtliche a^2+1 bis $a = 1500$ in

Der Beweis ist einfach. Wenn a^2+1 den Primteiler p hat, so hat, da $[(a\pm p)^2+1] - (a^2+1)$ zweifellos immer durch p teilbar ist, der Minuend $(a\pm p)^2+1$ auch den Primteiler p, also gehört zu allen $np+a$ und $np-a$ der Teiler p. Weitere interessante Eigenschaften offenbaren sich auch bereits auf dem obigen kleinen Anfangsstückchen der ersten Tabelle.

So wird man vor allen Dingen leicht entdecken, daß zu 7 dieselben Faktoren gehören, wie zu 2 und 3; zu 13 dieselben, wie zu 3 und 4; zu 21 dieselben, wie zu 4 und 5; ... zu 111 dieselben, wie zu 10 und 11. Allgemein liefern a^2+1 und $(a+1)^2+1$ die Faktoren für $[a(a+1)+1]^2+1$. Denn es ist

$$[a(a+1)+1]^2+1 = a^2(a+1)^2+2a(a+1)+2,$$
$$(a^2+1)\cdot[(a+1)^2+1] = a^2(a+1)^2+a^2+a^2+2a+1+1$$
$$= a^2(a+1)^2+2a(a+1)+2,$$

also
$$[a(a+1)+1]^2+1 = (a^2+1)\cdot[(a+1)^2+1].$$

Ebenso wird man leicht finden:

$a=3$ und $a=5$ liefern die Faktoren für $a=8$; 5 und 7 für 18; 7 und 9 für 32; 9 und 11 für 50, usw. Allgemein: a (ungerade) und $a+2$ für $\dfrac{a(a+2)+1}{2}$. Denn

$$(a^2+1)((a+2)^2+1) = 4\left[\left(\frac{a(a+2)+1}{2}\right)^2+1\right].$$

Eine Beobachtung ähnlicher Art ist die folgende:

7 und 12 liefern die Faktoren für $\dfrac{7\cdot 12+1}{5} = 17$, nur muß der Faktor 5 zweimal unterdrückt werden. Ebenso 8 und 13 für 21 mit derselben Forderung für den Faktor 5; 12 und 17 für $\dfrac{12\cdot 17+1}{5} = 41$; allgemein: a (nicht durch 5 teilbar) und $a+5$ für $\dfrac{a(a+5)+1}{5}$. Denn es ist:

$$(a^2+1)[(a+5)^2+1] = 25\left[\left(\frac{a(a+5)+1}{5}\right)^2+1\right].$$

Alle diese Sätze sind Sonderfälle der folgenden umfassenderen Formel:
$$(a^2+1)[(a+p)^2+1] = [a(a+p)+1]^2+p^2.$$

Primfaktoren zerlegt: „De numeris primis valde magnis. Nov. Comm. 9 (1862/3). Es darf als sicher angenommen werden, daß Gauß diese Arbeit gekannt hat und durch sie beeinflußt worden ist.

Wenn $a(a+p)+1$ durch p teilbar ist (und dies ist der Fall, sobald zu a der Faktor p gehört), dann ist die rechte Seite durch p^2 teilbar, und man erhält:

$$(a^2+1)[(a+p)^2+1] = p^2\left[\left(\frac{a(a+p)+1}{p}\right)^2+1\right],$$

eine Formel, in der sämtliche bisher besprochenen Eigenschaften enthalten sind. Ist dagegen $a(a+p)+1$ nicht durch p teilbar, dann gehören die zu a und $a+p$ gehörigen Faktoren in der Tabelle für a^2+1 zu der Zahl $a(a+p)+1$ **in der Tafel der** a^2+p^2. Z. B. zu 9 gehört 41, zu 12 gehört 5.29 zu $9.12+1=109$ gehört 5.29.41 in der Tafel der zerlegbaren a^2+3^2.

Die bis jetzt gewonnenen Ergebnisse kann man zu mancherlei Rechenvorteilen benutzen, von denen hier nur einer angegeben werden soll: Haben zwei Zahlen, die zu a_1 und a_2 der zerlegbaren a^2+1 gehören, den Faktor ϱ gemeinsam, so läßt $a_1 a_2 + 1$, durch ϱ geteilt, entweder den Rest 0 oder den Rest 2, und zwar den Rest 0, wenn a_1-a_2, den Rest 2, wenn a_1+a_2 durch ϱ teilbar ist. Z. B. $233.1568+1$ muß durch 89 teilbar sein; denn $1568-233=1335 = 15.89$. $743.8307+1$ läßt, durch 181 geteilt, den Rest 2; denn $8307+743=9050=50.181$. Daß dies auch mancherlei praktische Verwendbarkeit haben kann, liegt auf der Hand[1]).

Wir wollen aber den Aufbau der Tafeln weiter fortführen. Wir haben gesehen, daß man je nach der Wahl des Abstandes sowie des gemeinschaftlichen Faktors entweder in Tafel I (zerlegbare a^2+1) bleiben oder zu einer anderen Tafel gelangen kann. Demnach kann man mit Tafel I bestimmte Teile der übrigen Tafeln zusammenstellen. Aber auch umgekehrt kann man von einer der folgenden Tafeln zur Tafel I zurückkommen. Ich führe zunächst ein Beispiel an:

Zu 63 in Tafel II gehört 29.137; $63:2=31$, Rest 1; zu 31 gehört 13.37 in Tafel I; nun berechne ich $63.31+2=1955$, und hierzu gehört in Tafel I 13.29.37.137.

Ein anderes Beispiel:

Zu 96 in Tafel VII gehört 5.17.109; $96:7=13$, Rest 5; zu 13 gehört 5.17 in Tafel I; $13.96=1248$; $1248+7=1255$; $1255:5=251$; zu 251 gehört 17.17.109 in Tafel I.

Damit kommen wir nun zu Verfahren, die **Gauß sicher angewandt hat**, während dies bei den oben genannten Vorteilen

---

1) Beweis: Haben a_1^2+1 und a_2^2+1 den Faktor ϱ gemeinsam, dann ist entweder $a_2 = n\varrho + a_1$ oder $a_2 = n\varrho - a_1$. Im ersten Fall ist $a_1 a_2 + 1 = a_1(n\varrho + a_1) + 1 = a_1 n\varrho + (a_1^2+1)$; im zweiten Fall $a_1 a_2 - 1 = a_1(n\varrho - a_1) - 1 = a_1 n\varrho - (a_1^2+1)$.

nur höchst wahrscheinlich ist. Im Gaußschen Nachlaß befindet sich ein Blatt, das ganz mit flüchtigen Zahlenrechnungen bedeckt ist, die auf den ersten Anblick wie einfache Divisionen aussehen. So kam es wohl, daß dieses Blatt bisher nicht genügend beachtet worden ist.

Wir wählen zunächst das Beispiel, das Gauß mit 5) bezeichnet hat.

5) 8273 : 9   5.29.53.61.73   [d. h. $8273^2 + 9^2$ hat die Faktoren 5.29.53.61.73]

$919\frac{2}{3}$ [37.101.113 in Tab. I]; [$919\frac{2}{3}$ ist das Resultat von 8273 : 9, daher sieht das ganze Blatt aus, wie ein Chaos von Divisionsaufgaben].

8273
919

74457   [man beachte hier wieder die Anwendung der welschen Praktik]
148914
8273

7602896 [:2]
3801448   5.29.37.53.61.73.101.113.

Vor der Angabe weiterer Beispiele schicken wir den allgemeinen Satz voraus, der sich aus der flüchtig hingeworfenen Darstellung dieser Hilfsrechnungen herauslesen läßt.

Zwei Zahlen a und b mögen die Eigenschaft haben, daß b durch a geteilt den Rest r läßt; dann ist $b = an + r$. Ferner möge b in der Tafel der $a^2 + n^2$ und a in der Tafel der $a^2 + 1$ auftreten. Dann müssen, falls r eine Primzahl ist, entweder zu $ab + n$ in der Tafel für $a^2 + r^2$ dieselben Faktoren gehören, wie zu a und b in den oben angegebenen Tafeln, oder, wenn $ab + n$ durch r teilbar ist, so müssen zu $\dfrac{ab+n}{r}$ in Tafel I dieselben Faktoren gehören, wobei r^2 allerdings zu streichen ist, falls der Faktor r zu a und b gehört. Der Beweis steckt in der leicht beweisbaren Identität:

$$(a^2 + 1) \cdot [(na + r)^2 + n^2] = [a(an + r) + n]^2 + r^2.$$

Nun noch einige Beispiele:

		Darstellung bei Gauß:
96 : 7 = 13, Rest 5, zu 96 Taf. VII: 5.17.109		
zu 13 in Taf. I:	5.17	$\overset{5}{96:7}$ 5.17.109
13 · 96 + 7 = 1255		13 : 1 5.17
1255 : 5 = 251		1248 + 7 = 1255
zu 251 in Taf. I:	17.17.109	251 17.17.109

Wenn r keine Primzahl ist, dann ist es auch noch möglich, daß zwar $ab+n$ nicht durch r teilbar ist, wohl aber durch einen Teiler t von r. Sei nun $r = t.r'$, so finden wir alsdann die Zahl $\frac{ab+n}{t} + r'$ in der Tafel der $a^2 + r'^2$, und zwar gehören wieder zu dieser Zahl dieselben Faktoren wie zu a und b in ihren Tafeln, wobei wieder t^2 oder das Quadrat eines Faktors von t zu streichen ist, falls t oder dieser Faktor zu a und b gehört.

Zur Erläuterung diene ein komplizierteres Beispiel, dessen einzelne Bruchstücke auf dem Gaußschen Zettel erst zusammengesucht werden müssen. Zwischen diesen Bruchstücken stehen Ansätze zu Berechnungen, die anscheinend zu keinem brauchbaren Ergebnis geführt haben.

		Erklärung:
229		
34		$229 : 7 = 34$, Rest -9;
687		229 in Taf. VII: $5.29.181$
916		34 „ „ I: 13.89
$7793 : 9$	$5.13.29.89.181$	$229.34 + 7 = 7793$
$\vdots$		7793 in Taf. IX: $5.13.29.89.181$
58		$7793 : 9 = 853$, Rest 2.58
$7793 : 9$	$5.13.[29].89.181$	853 in Taf. I: $5.13.29.193$
853	$5.13.[29].193$	
6234 4		$7793.853 + 9 = 6\,647\,438$
389 65		$6\,647\,438 : (2.58) = 6\,647\,438 : (29.2.2)$
23 379		$6\,647\,438 : 29 = 229\,222$
6 647 438		
$\vdots$		$229\,222 : 2 = 114\,611$
229 222		114 611 in Taf. II:
$114\,611 : 2$ iam adest		$5.5.13.13.89.181.193.$

Auf einem andern Blatt finden sich folgende Formeln (mit Bleistift geschrieben):

$$(2n) - (3n) - (6n) = (36n^2 + 7n)$$

$$\left(\frac{2n}{3}\right) - (n) - (2n) = \frac{(4n^2 + 7)n}{3}$$

$$(n) - (3n) - \left(\frac{3n}{2}\right) = \frac{9n^2 + 7n}{2}$$

z. B. $n = 33$

$$\frac{9808.33}{2} = 161\,832 = 5^2.13^2.29.37.53.109$$

$$[9808 = 9.33^2 + 7].$$

Die zu $\left(\frac{9n^3+7n}{2}\right)$ gehörigen Primfaktoren setzen sich also aus den zu (33), (99) und $\left(\frac{99}{2}\right)$ gehörigen zusammen. Dieses Verfahren wird Gauß wohl auch, wie die vorhin geschilderten, angewandt haben, um Lücken zu ermitteln und auszufüllen.

Denn es war für Gauß von besonderer Wichtigkeit, die sämtlichen Tafeln **lückenlos** herzustellen, d. h. es durfte keine zerlegbare Zahl a^2+n^2 (a und n teilerfremd) fehlen. Und zwar aus zwei Gründen, die wir jetzt besprechen wollen. Zunächst war die Lückenlosigkeit notwendig wegen der **praktischen Verwendung**. Wir haben schon auf S. 29 die Vermutung ausgesprochen, daß Gauß mit den Tafeln zur Cyklotechnie andere Pläne verfolgte, als der Name zunächst annehmen läßt. Wenn Gauß durch eine große Zahl dividieren oder den Logarithmus dieser Zahl ermitteln wollte, so mußte er sie doch, wie oben ausgeführt wurde, in Faktoren zerlegen. Zu diesem Zweck wurde sie in die Form $a\alpha^2+b\beta^2$ gebracht, und zwar wurde wahrscheinlich zuerst versucht, $a = b = 1$ und $\beta \leqq 9$ zu erhalten. Es handelte sich also um die Lösung der Aufgabe:

$$u.n = x^2+y^2 \quad (y \leqq 9).$$

Bei der Lösung dieser Aufgabe war jedenfalls die im vorigen Abschnitt beschriebene Tafel der quadratischen Reste vorzüglich geeignet zum Excludieren. Gelang nun dieser Versuch, so brauchte man nur in der Tafel der x^2+y^2 die Zahl x zu suchen. Stand sie dort, so hatte man ohne weiteres ihre vollständige Faktorenzerlegung; stand sie nicht dort, so war dies ein Zeichen, daß Primfaktoren über 200 darin steckten. Dieser Schluß wäre jedoch bei einer lückenhaften Tafel nicht stichhaltig gewesen[1].

Der andere Grund hat im Gegensatz zum ersten ein durchaus **wissenschaftliches Gepräge**. Der Mann, der vom zarten Jünglingsalter bis zum hohen Greisenalter immer und immer wieder über das Verteilungsgesetz der Primzahlen nachgegrübelt hat, wird sich sicher auch bei der Herstellung der Tafeln zur Cyklotechnie gefragt haben: Wieviel zerlegbare a^2+1, a^2+4 usw. gibt es von $a = 1$ bis $a \leqq 100$, oder wieviel im 1. Tausender, in der 1. Million? Gibt es eine Formel, um diese Zahl zu berechnen? Gibt es ein Kennzeichen, um eine Lücke zu entdecken?

---

[1] Gelang der Versuch nicht, so wußte man wenigstens, daß die Zahl keine Primzahl war, vorausgesetzt, daß sie von der Form $4n+1$ ist. Eine Zahl von der Form $4n+3$ wurde naturgemäß zu einem solchen Experiment überhaupt nicht herangezogen.

Wir haben keine Aufzeichnung finden können, die mit Bestimmtheit auf eine derartige Formel oder ein derartiges Kennzeichen hinweist; wohl aber finden sich an sehr vielen Stellen des Nachlasses Zusammenstellungen von systematisch vorgenommenen Zählungen. Auch die Hilfstafeln, die Schering abgedruckt hat, und von denen er (W. II, S. 499) vermutet, daß sie zur leichteren Übersicht beim Gebrauche dienen, sind von Gauß lediglich aufgestellt, um Zählungen vorzunehmen. Und zwar treten hier noch speziellere Fragen auf: Wieviel zerlegbare a^2+1 gibt es innerhalb der ersten Million, die 17 als größten Primteiler haben? u. ä.[1]).

Vielleicht sollte also wieder, wie in den Tagen seiner Jugend, das vermutete zahlentheoretische Gesetz auf induktivem Wege ermittelt werden. Wie weit Gauß hier mit seinem empirischen Verfahren gekommen ist, das brauchen wir nicht zu untersuchen; denn wir haben durch Zufall gefunden, daß die Tafeln nicht lückenlos sind, trotzdem sie Gauß augenscheinlich dafür gehalten hat.

Um dies zu zeigen, führen wir folgende Rechnung aus:

$$\overset{5}{98}:9\quad [5.13.149]$$
$$31:3\quad [5.97]$$
$$98$$
$$294$$
$$3038$$
$$27$$
$$3065:5$$
$$613:3\quad [13.97.149].$$

Diese Zahl 613 findet sich in der Gaußschen Tafel für a^2+9 nicht,

---

[1]) Es hat den Anschein, daß Gauß gerade über diese Frage viel nachgedacht hat. Die zerlegbaren a^2+1, die eine gegebene Primzahl als höchsten Primteiler haben, sind immer nur in endlicher Anzahl vorhanden. Den Beweis hat Störmer geliefert: Quelques théorèmes sur l'équation de Pell. Videnskabsselskabets Skrifter. I. Mathem.-naturvid. Klasse 1897, No. 2. Für die übrigen a^2+p^2 beweist Polya, Math. Zeitschrift 1, 1918, S. 143, die gleiche Eigenschaft. Während aber diese Autoren nur zeigen, daß für die Anzahl der zerlegbaren a^2+1 mit dem höchsten Primfaktor n eine obere Grenze vorhanden ist, suchte Gauß anscheinend diese Zahl als eine Funktion derjenigen Zahl darzustellen, die angibt, die wievielte Primzahl dieser höchste Primfaktor ist. Wenn man die vorhin geschilderten Rechnungsverfahren in geeigneter Weise modifiziert, so kann man es erreichen, daß man nur zu solchen a^2+1 kommt, die n als höchsten Primteiler haben. Man bleibt also in einem Cyklus, und möglicherweise hat sich Gauß gerade mit Rücksicht auf diese Cyklen entschlossen, den Namen Cyklotechnie beizubehalten, obgleich die ursprüngliche Bedeutung (Verfahren zur Berechnung cyklometrischer Funktionen) längst in den Hintergrund getreten war.

gleichwohl gehört sie hinein; denn $613^2 + 9$ hat außer dem Primfaktor 2 keine anderen Faktoren als die oben angegebenen[1]).

Wir sehen also: Gauß hat seine Tafeln zur Cyklotechnie zu praktischen, wie zu wissenschaftlichen Zwecken benutzt. Wenn er auch das auf der vorigen Seite gekennzeichnete Ziel nicht, oder wenigstens nicht in allen Tabellen erreicht hat, so hat er doch ohne Zweifel eine Fülle von zahlentheoretischen und praktisch verwertbaren Ergebnissen mit Hülfe dieser Tafeln gefunden; ja, es hat sogar den Anschein, als wären diese Tafeln für ihn ein Riesenbassin gewesen, aus dem er von Zeit zu Zeit zahlentheoretische Sätze herausfischte. Und da $a^2 + n^2$ auch den absoluten Betrag einer jeden komplexen Zahl darstellt, so spielten wohl die Tafeln auch eine hervorragende Rolle bei seinen Untersuchungen über komplexe ganze Zahlen und biquadratische Reste. So würde es sich denn auch ohne Schwierigkeit erklären, daß Gauß mehr als vier Jahrzehnte hindurch an diesen Tabellen gearbeitet hat.

Die Tafeln zur Cyklotechnie können auch als eine großzügige Erweiterung der S. 6 erwähnten Tabelle **zur Berechnung der Logarithmen** angesehen werden. Zur Erläuterung brauchen wir nur eine Berechnung ein wenig umzuformen, mit der Gauß ein anderes Ziel verfolgt hat. Wir entnehmen aus Tafel I:

5 257	$2.5^2.13.17.41.61$
9 466	$29.37^3.61$
12 943	$2.5^4.13^3.61$
34 208	$5.13^3.17.29.53^2$
44 179	$2.13^3.17^2.29.53$
85 353	$2.5.13.17.37.41^2.53$
114 669	$2.17.37.53^2.61^2$
330 182	$5^5.13.29.37.41.61$
485 298	$5.13^4.29^2.37.53.$

Die 9 Zahlen a haben die Eigenschaft, daß die zugehörigen $a^2 + 1$ nur die 9 Primfaktoren 2, 5, 13, 17, 29, 37, 41, 53, 61 enthalten. Kennt man also die Logarithmen dieser 9 Primzahlen, so kann man die der 9 Zahlen a mit Hilfe von gut konvergierenden Reihen bestimmen.

Das gewählte Beispiel stammt aus einer Zusammenstellung, die Gauß gemacht hat, um die arc cotg für die 9 Primfaktoren zu

---

[1] Ein anderes Beispiel ist 6853 in Tafel III [13.53.173.197]. Ein drittes: 160 754 in Tafel III [5.5.29.29.73.113.149]. Dagegen hat sich in Tafel I noch keine Lücke finden lassen.

bestimmen. Er bezeichnet arc cotg $(a^2+\varepsilon^2)$ mit $(a^2+\varepsilon^2)$ oder auch mit $\left[\dfrac{a}{\varepsilon}\right]$. Aus

$$18^2+1 = 5^2 \cdot 13$$
$$57^2+1 = 2 \cdot 5^2 \cdot 13$$
$$239^2+1 = 2 \cdot 13^4$$

ermittelt er (durch Zerlegung von $18+i$, $57+i$, $239+i$ in ihre komplexen Primfaktoren):

$$(18) = 2[2] - 2[5] - [13]$$
$$(57) = -[2] + 3[5] - [13]$$
$$(239) = 3[2] \qquad -4[13].$$

Hieraus ermittelt er [2], [5] und [13] und erhält

$$[2] = 12(18) + 8(57) - 5(239)$$
$$\text{usw.}$$

Da nun nach dem Obigen für [2] auch $[1^2+1]$ oder (1) gesetzt werden kann, so ist

$$(1) = \frac{\pi}{4} = 12(18) + 8(57) - 5(239).$$

Durch weitere Zerlegung und Elimination erhält er auch:

$$(1) = \frac{\pi}{4} = 12(38) + 20(57) + 7(239) + 24(268).$$

Damit hat Gauß zwei neue Reihenentwickelungen zur Berechnung von π gewonnen, ein Ergebnis, das allerdings nur theoretische Bedeutung hat. Denn praktisch wird es durch die Reihe von Machin:

$$(1) = 4(5) - (239)$$

übertroffen, während die Reihen von Euler

$$(1) = (2) + (3)$$

und die von Vega

$$(1) = 2(3) + (7)$$

zwar einfacher sind, aber schlecht konvergieren.

Es hat auch nicht den Anschein, als ob Gauß nur die Absicht gehabt habe, die Zahl der Reihen zur Berechnung von π zu vergrößern, sondern es ist viel wahrscheinlicher, daß auch hier wieder zahlentheoretische Sätze mit im Spiel sind. So spielt z. B. die Zahlentheorie bereits eine Rolle bei der Zerlegung von arcus cotg $\dfrac{a}{b}$ in eine algebraische Summe von arcus cotg.

Wenn nämlich

I) $\quad a + bi = (\alpha_1 \pm \beta_1 i)(\alpha_2 \pm \beta_2 i)(\alpha_3 \pm \beta_3 i)\ldots$

ist, so ist

II) $\quad a^2 + b^2 = (\alpha_1^2 + \beta_1^2)(\alpha_2^2 + \beta_2^2)(\alpha_3^2 + \beta_3^2)\ldots$

und

III) $\quad \text{arc cotg}\,\dfrac{a}{b} = \pm\,\text{arc cotg}\,\dfrac{\alpha_1}{\beta_1} \pm \text{arc cotg}\,\dfrac{\alpha_2}{\beta_2} \pm \text{arc cotg}\,\dfrac{\alpha_3}{\beta_3}\ldots$

Die S. 34 wiedergegebenen Bleistiftnotizen finden hierdurch ihre einfache Erklärung.

Inwieweit Gauß das Verfahren, nach dem Euler, Vega und Machin ihre Reihen für π gefunden haben, für seine Zwecke benutzt hat, das läßt sich wohl schwerlich feststellen. Es handelt sich um die wiederholte Anwendung der Formel

$$\text{arc cotg}\,u \pm \text{arc cotg}\,v = \text{arc cotg}\,\frac{uv \mp 1}{v \pm u},$$

die auch benutzt werden kann, um aus zwei Zahlen eine dritte zu ermitteln. Z. B.

$$(v) = \left(\frac{6}{7}\right)\bigg|\,5.17;\quad (u) = \left(\frac{4}{5}\right)\bigg|\,41;$$

$$\frac{\frac{4}{5}\cdot\frac{6}{7}+1}{\frac{6}{7}-\frac{4}{5}} = \left|\left(\frac{59}{2}\right);\quad \left(\frac{59}{2}\right)\right|\,5.17.41.$$

IX.
Wie Gauß die Zahlen individualisierte.

Was bei den zahlentheoretischen Untersuchungen fürs Zahlenrechnen abfiel, ist für uns hier von besonderem Interesse. Gauß hat gelegentlich[1]) geäußert, daß viele Zahlenrelationen ihm durch seine Beschäftigung mit der Zahlentheorie so geläufig wären, daß sie ihm stets zur Verfügung stünden. Bei dieser Gelegenheit führt er zwei Beispiele an: $13.29 = 377$ und $19.53 = 1007$, sowie die Relationen, die sich aus diesen wieder ableiten lassen. Das ist wohl so zu verstehen, daß diese Ergebnisse durch die besondere Art, auf die er zu ihnen gelangte, oder durch die Häufigkeit, mit der sie ihm entgegentraten, oder endlich durch den praktischen Nutzen, den sie ihm verschafften, sich seinem Gedächtnis dauernd einprägten. Bei dem ersten Beispiel $13.29 = 377$ hat es sich

---

1) Brief an Schumacher vom 6. Jan. 1842, Briefwechsel Gauß-Schumacher IV, 1862, S. 49. Vgl. Galle, Gauß als Zahlenrechner, S. 16.

vermutlich so verhalten: Diese Beziehung trat ihm wohl zum ersten Male entgegen, als er Studien zur Berechnung der gemeinen Logarithmen machte. Wir haben auf S. 5 schon von diesen Studien gesprochen und brauchen daher jetzt nur auf den Bruch

$$\frac{377}{376} = \frac{13.29}{2.2.2.47}$$

aufmerksam zu machen. In den Tafeln zur Cyklotechnie trat ihm dieselbe Relation noch viel drastischer entgegen:

$$13 = 3^2 + 4; \quad 29 = 5^2 + 4;$$

also

$$13.29 = (3.5 + 4)^2 + 16 = 361 + 16 = 377.$$

Vielleicht war es das erste Beispiel oder wenigstens eines der ersten, die er induktiv fand, so daß es ihm besonders leicht vor Augen trat, vielleicht hat er es auch bei der Abfassung des erwähnten Briefes aufs Geratewohl aus seinem unerschöpflichen Vorrat herausgegriffen. Zur praktischen Verwendung erscheint diese Relation weniger geeignet, immerhin kann man Aufgaben, wie 77.377 mit Vorteil lösen, wenn man sich der Faktorenzerlegung von 377 bedient. Denn $77.377 = 7.11.13.29 = 1001.29 = 29029$. Also kann man auch leicht 377^2 bilden. Denn $377^2 = 300.377 + 77.377 = 111\,000 + 2100 + 29\,029 = 142\,129$.

Das zweite Beispiel, $19.53 = 1007$, hat Gauß zweifellos wegen seines praktischen Nutzens im Gedächtnis behalten, den es bei vielen Gelegenheiten bringt. Denn nun kann man sofort Aufgaben lösen, wie $57.212 = 3.4.1007 = 12\,084$ und andere. Auch diese Relation ist ihm vermutlich zuerst bei den gemeinen Logarithmen entgegengetreten, nämlich bei der Betrachtung des Bruches $\frac{1008}{1007} = \frac{2^4.3^2.7}{19.53}$. Ein anderer Ausgangspunkt für diese Relation mag die Überlegung gewesen sein [1]):

$$57.53 = 50.60 + 21 = 3021,$$

also

$$19.53 = 1007.$$

---

[1]) Wahrscheinlich ist ihm eine ganze Gruppe von Multiplikationsresultaten bekannt gewesen, die in der Nähe von 1000 liegen. $42.48 = 2016$; also $21.48 = 42.24 = 12.84 = 36.28 = 1008$; $44.46 = 2024$; also $22.46 = 44.23 = 1012$. Ferner $51.59 = 3009$; $17.59 = 1003$. Die übrigen zusammengesetzten Zahlen in der Nähe von 1000 müssen eben planmäßig zerlegt werden, falls nicht wiederum besondere Kunstgriffe möglich sind. — Auch in der Nähe der Million hat Gauß solche Zerlegungen gesucht: Lambert, Deckblatt, Analysis numerorum supra millionem.

Wie wir auf S. 22 sahen, war ihm auch $29.41 = 1189$ geläufig. Auch diese Relation trat ihm bei verschiedenen Gelegenheiten entgegen: $(30-1)(40+1) = 1200-20+9$ oder $29.41 = 35^2 - 6^2$, oder endlich in der Cyklotechnie als Sonderfall der Formel

$$(a^2+b^2)(c^2+d^2) = (ac+bd)^2 + (ad-bc)^2.$$

Danach ergibt sich

$$29.41 = (5^2+2^2)(5^2+4^2) = 33^2+10^2 = 30^2+17^2 = 1189.$$

Dieses Individualisieren, in Verbindung mit der welschen Praktik, kam ihm auch bei vielen Aufgaben des schriftlichen Rechnens, namentlich bei Multiplikationsaufgaben, zustatten. Hätte er etwa die Aufgabe zu lösen gehabt (vgl. Remer, a. a. O. S. 120 ff.):

$$423\,219 . 272\,673,$$

so würde er, sofort erkennend, daß $2673 = 2700 - 27 = 27.99$ ist, so gerechnet haben:

$$\begin{array}{r}
423\,219 . 27 \quad (27 = 9.3) \\ \hline
3\,808\,971 \\ \hline
11\,426\,913\,0000 \quad [x.270\,000] \\
114\,269\,1300 \quad [x.2700] \\ \hline
11\,541\,182\,1300 \quad [x.272\,700] \\
1\,142\,6913 \quad [-x.27] \\ \hline
11\,540\,039\,4387.
\end{array}$$

Man vergleiche damit die gewöhnliche Ausführung:

$$\begin{array}{r}
423\,219 . 272\,673 \\ \hline
846\,438 \\
296\,253\,3 \\
8\,464\,38 \\
2\,539\,314 \\
296\,253\,3 \\
12\,696\,57 \\ \hline
1\,154\,003\,943\,87.
\end{array}$$

Dieses Beispiel wird uns später noch einmal beschäftigen.

Wie schon wiederholt bemerkt wurde, haben sich viele der von Gauß untersuchten Zahlen (Summen von Reihen, Logarithmen, Wurzeln, reziproke Werte, arithmetisch-geometrische Mittel) infolge der allseitigen Behandlung vieler Zahlen, Zahlengruppen und Zahlenrelationen seinem schon von Natur ungewöhnlichen Gedächtnis dauernd eingeprägt. Und wenn er bei der Auswertung einer

Konstanten auf eine schon bekannte Zahl stieß, so bemerkte er das wahrscheinlich schon, ohne eine Tabelle nachzusehen. Das berühmteste Beispiel ist wohl das arithmetisch-geometrische Mittel von 1 und $\sqrt{2}$, dessen Wert sich als gleich erwies dem Wert $\frac{\pi}{\tilde{\omega}}$, wo $\tilde{\omega}$ die Konstante ist, die bei den lemniskatischen Funktionen die entsprechende Rolle spielt, wie π bei den Kreisfunktionen.

X.
Schlußbetrachtung.

Da sehen wir aber auch deutlich, wie der damals erst 21jährige Gauß über die bloße Empirie emporgewachsen ist: Er nimmt sich am 30. Mai 1799 vor (Tagebuch No. 98, Werke X 1, S. 542), den inneren Grund dieser merkwürdigen Zahlrelation zu erforschen, und erschließt auf diese Weise ein wichtiges Gebiet der Theorie der elliptischen Funktionen zu einer Zeit, wo Abel und Jacobi noch nicht geboren waren. Und er läßt die Untersuchungen unveröffentlicht liegen, läßt sich nach seinem eigenen Zugeständnis (in einem Brief an Crelle) von Abel „prévenir d'un tiers", weil ihn das Gefundene noch nicht befriedigt und weil es ihm, wenigstens in seinen späteren Lebensjahren, zur weiteren Ausführung an Zeit fehlt.

Ob die vielen Tabellen an diesem Zeitmangel mit schuld waren? Wir glauben den Nachweis geliefert zu haben, daß diese Tafeln ihn verhältnismäßig wenig Zeit kosteten und daß sie ihm den Zeitverlust wieder reichlich einbrachten, indem mit ihrer Hilfe die Zahlenrechnungen ganz erheblich abgekürzt werden konnten. Er klagt auch (vgl. Galle, a. a. O., S. 3) fast nie darüber, daß ihn die Rechenarbeit belästigt, er geht äußerst selten einen Rechner um seine Mithülfe an (Goldschmidt, Wachter, Encke, Nicolai, Bessel), er weist die Hülfe des Rechenakrobaten Dase zurück, weil er mit dem besten Willen keine Verwendung für ihn weiß. Er begutachtet eine damals neu konstruierte Rechenmaschine (Werke X 1, S. 6), aber er selbst zeigt keine Lust, sie irgendwie zu verwenden.

Bei so ausgedehnten Zahlenrechnungen, fast ohne jede fremde Hülfe ausgeführt, konnte es nicht ohne Fehler abgehen, und wir haben an verschiedenen Stellen angemerkt, daß Gauß sich verrechnet hat oder daß er ein Ergebnis teilweise durchgestrichen und umgeändert hat. Dennoch ist die Anzahl dieser Fehler, gemessen an der Fülle des bewältigten Materials, so auffallend gering, daß wir noch die Frage erörtern müssen: Wie erklärt es sich, daß Gauß so selten einen Rechenfehler macht? Zunächst könnte man vermuten, daß er Kontrollrechnungen ausgeführt habe; allein, da sich in seinen geodätischen und in seinen astronomischen Arbeiten, wo doch die meisten seiner Zahlenrechnungen ausgeführt sind, keine Kontrollrechnungen vorfinden, so ist es sehr in Zweifel zu ziehen, ob er sie sonst angewandt hat[1]). Daß er, wenn es darauf ankam, ein bewunderungswürdiges Geschick besaß, Kontrollrechnungen im größten Stil auszuführen, zeigt seine denkwürdige Kritik von Vegas Thesaurus Logarithmorum, wo er in scharfsinniger Weise feststellt, daß in diesem Werke unter den 68 038 Logarithmen nicht weniger als 47 746 ungenaue zu erwarten sind (W. III, S. 257—264).

Auch bei dem schon erwähnten Calculus numerico-exponentialis sowie bei der Aufsuchung des arithmetisch-geometrischen Mittels treten vereinzelt Kontrollrechnungen auf, die aber gewöhnlich den Hauptzweck haben, verschiedene Methoden bezüglich ihrer Tragweite und praktischen Brauchbarkeit gegen einander abzuwägen.

Bei vielen seiner astronomischen und geodätischen Rechnungen ergibt sich für ihn die Möglichkeit einer Kontrolle ganz von selbst. Denn er wendet vielfach das Verfahren der sukzessiven Approximation an, d. h. er geht mit dem durch die erste Rechnung gefundenen Wert zum zweiten Male in dieselbe Rechnung ein, um die Genauigkeit zu verschärfen. Wäre nun in einer der beiden Rechnungen ein nennenswerter Fehler, so könnten die beiden Ergebnisse nicht hinreichend nahe bei einander liegen.

Im großen und ganzen hat er auf genaue Kontrollen verzichtet; dagegen meistert er zweifellos die Überschlagsrechnung in ungeahnter Vollendung, wobei ihm ein angeborenes Gefühl für die Wahl der Abrundung der auftretenden Zahlen und seine hochgesteigerte Fähigkeit, die Zahlen zu individualisieren, in gleicher Weise zu Hülfe kommen.

Es darf auch nicht unerwähnt bleiben, daß er durch gewisse Eigenarten weit mehr vor Fehlern geschützt war als einer, der nach dem Schema rechnet. Sehr viele Rechenfehler werden beim Addieren einer größeren Anzahl von Summanden gemacht, und zwar wohl deshalb, weil während des Addierens einer Stellenkolonne keine Ruhepause möglich ist. Gauß verstand es, durch geeignete Zerlegung und Anordnung die Durchführung so zu gestalten, daß er nur selten mehr als zwei Zahlen zu addieren hatte. Das zeigen

---

1) Auch in seinen Versicherungsrechnungen hat Schering, Werke IV, S. 188, Fehler bemerkt.

viele der von uns aus dem Nachlaß wiedergegebenen Rechenbeispiele sowie auch das am Schluß des vorigen Abschnitts gegebene Multiplikationsbeispiel. Daß er eine derartige Addition, sowie auch alle Subtraktionen von links nach rechts ausführt, ist eine Eigentümlichkeit, die bei Galle (a. a. O. S. 10) ausführlich besprochen wird. Auch diese Eigentümlichkeit schützt ihn infolge der größeren Bequemlichkeit beim Anschreiben vor Rechenfehlern[1]).

Daß ihm endlich seine riesigen Tafeln mancherlei Möglichkeiten an die Hand gaben, Rechenergebnisse rasch zu kontrollieren, darf wohl als sicher angenommen werden.

Trotzdem Gauß in den weitaus meisten Fällen Zahlentafeln zur Erleichterung des Rechnens hergestellt hat, ist er doch nicht ganz achtlos an den graphischen Methoden vorbeigegangen. In einem Brief an Gerling, 29. Mai 1851 (Briefwechsel Gauß-Gerling) erwähnt er bei der Beurteilung des bei ihm als Assistent eingetretenen Klinkerfues eine elegante graphische Konstruktion der Lösung der Hauptgleichung bei der Berechnung einer Planetenbahn, die die Form hat

$$a \sin^4 z = \sin(z+b).$$

Dagegen klagt Gauß (Briefwechsel Gauß-Gerling, zitiert bei Galle, a. a. O. S. 3) über großen Zeitverlust wegen des Mangels an Hilfskräften auf der Sternwarte und weil seine Lehrtätigkeit ihm die beste Zeit und Stimmung zu zusammenhängenden Arbeiten raube. — Denn gerade in dem Gebiet, in dem er durch seine Disquisitiones neue Bahnen eröffnet hat, trug er sich mit gewaltigen Plänen, über die er in seinem Briefwechsel hie und da Andeutungen machte. So äußerte er Werke X 1, S. 75 gelegentlich der Aufforderung von Olbers, sich an die Lösung des großen Fermatschen Problems zu machen, er hoffe, eine Theorie zu entwickeln, aus der der Fermatsche Satz als ein höchst unwesentliches Korollar hervorgehen würde. Aber, wie er selbst in einem Briefe an Gerling ahnungsvoll prophezeit, so ist es gekommen: Manche seiner zahlentheoretischen Arbeiten sind für uns verloren, und damit ist uns die

---

[1]) Auch Henri Mondeux und Inaudi addierten und subtrahierten von links nach rechts, und zwar sind beide als Autodidakten zu diesem Verfahren gekommen. Vgl. Binet, Psychologie des grands calculateurs, S. 201 (Rapport de M. Darboux sur J. Inaudi): Il commence toujours l'addition par la gauche, comme le font aujourd'hui les Hindous, au lieu de la commencer par la droite comme nous ... Il soustrait facilement l'un de l'autre deux nombres d'une vingtaine de chiffres en commençant encore par la gauche.

Möglichkeit genommen, zu untersuchen, inwieweit ihre Ergebnisse seine Methoden beim Zahlenrechnen beeinflußt haben.

Nach dem bisher Dargestellten dürfen wir, um noch einmal kurz zusammenzufassen, folgenden Entwickelungsgang des Zahlenrechners Gauß vermuten:

In früher Jugend das Spiel mit dem arithmetisch-geometrischen Mittel, sowie die Versuche, das Verteilungsgesetz der Primzahlen zu ermitteln. Erfolg: Bedeutende Fertigkeit im Addieren[1]), Multiplizieren, Wurzelziehen, Zerlegen großer Zahlen in Summen von Quadraten und damit auch in Primfaktoren.

Dann folgt die Verwertung der gewonnenen Gewandtheit zur Aufstellung von Tabellen: Quadratzahlen, Dezimalbruchtabelle, Logarithmen, Anfänge der Cyklotechnie u. a. m. Erfolg: Noch viel mehr gesteigerte Fertigkeit im Zahlenrechnen, in der Auswertung unendlicher Reihen (Wurzeln, Logarithmen u. a. m.), Faktorenzerlegung großer Zahlen, bezw. deren Erkennung als Primzahl; eine Fülle von zahlentheoretischen Eigenschaften, die Grundlage der Disquisitiones.

Die unvergleichliche Fülle von Anregungen, die ihm seit 1795 das Studium von Lagrange, Legendre und vor allem von Euler bietet, erhöht seine zahlentheoretische Einsicht und seine Rechenfertigkeit in gleicher Weise.

Die hoch gesteigerte Fertigkeit im numerischen Rechnen wird nun auf die empirische Ermittelung von mathematischen Gesetzen auf den verschiedensten Gebieten mit wunderbarem Erfolg angewandt, daneben aber auch auf die Praxis als Astronom, Physiker, Geodät.

Die induktiv gefundenen rein mathematischen Ergebnisse werden in harter Arbeit bewiesen, aber zu dieser Arbeit gehört Zeit, die ihm nach der Übernahme des allzuviel Zeit absorbierenden Amtes nur in beschränktem Maße zur Verfügung steht.

Die Spuren des Gewaltigen im Reiche der Zahlen verlieren sich darum von hier ab immer mehr, und es wird schwer halten, sie weiter zu verfolgen. Soviel aber darf sicher behauptet werden: Die Wechselwirkung, die seine Jugendentwickelung bereits kennzeichnet (Beobachtungen beim Zahlenrechnen, Erforschung der Gründe für die beobachteten Erscheinungen, Gewinnung zahlen-

---

1) Er kann nach seiner eigenen Aussage (Brief an Olbers vom 7. Jan. 1815, zitiert bei Galle, a. a. O. S. 12) mit der Summe zweier gegebener Zahlen, ohne diese Summe selbst vor sich zu haben, sogleich in eine Tafel eingehen. Ein einfaches Beispiel haben wir auf S. 12, in der Fußnote besprochen.

theoretischer Sätze, Anwendung dieser Sätze zur Vereinfachung des Zahlenrechnens, darauf gestützt wieder neue Beobachtungen u. s. f.), bestand auch weiter bis in sein hohes Alter; nicht nur der Beruf, sondern auch die angeborene Neigung haben ihn stets wieder zum reinen Zahlenrechnen zurückgeführt, von dem er einst ausgegangen war, und dem er so viele seiner schönsten Entdeckungen verdankte. So hat er immer wieder den Boden berührt und durch diese Berührung immer wieder neue Kräfte gewonnen.

Inhaltsübersicht.

		Seite
Einleitendes	. . . .	1
I.	Stufe der Empirie	2
II.	Das Gaußsche Divisionsverfahren	7
III.	Übung des Divisionsverfahrens an Kettenbrüchen	11
IV.	Rechnungen mit Logarithmen	15
V.	Berechnung von reziproken Werten	19
VI.	Gauß' Methoden, die Faktoren großer Zahlen zu finden	22
VII.	Die Tafel des quadratischen Charakters der Primzahlen	26
VIII.	Zur Cyklotechnie	29
IX.	Wie Gauß die Zahlen individualisierte	39
X.	Schlußbetrachtung	42

MIX
Papier aus verantwortungsvollen Quellen
Paper from responsible sources
FSC® C105338

If you have any concerns about our products,
you can contact us on
ProductSafety@springernature.com

In case Publisher is established outside the EU,
the EU authorized representative is:
**Springer Nature Customer Service Center GmbH
Europaplatz 3, 69115 Heidelberg, Germany**

Printed by Libri Plureos GmbH
in Hamburg, Germany